国家社科基金艺术学重大项目"中华传统造物艺术体系与设计文献研究"子课题
"泰山学者"艺术学科研究项目
"十三五"国家重点图书出版规划项目
2020 年度国家出版基金项目

潘鲁生 主编

中国民艺馆 云肩

山东教育出版社
Shandong Education Press

图书在版编目（CIP）数据

云肩 / 潘鲁生主编 . —济南：山东教育出版社，
2020.3
（中国民艺馆）
ISBN 978-7-5701-0762-9

Ⅰ . ①云… Ⅱ . ①潘… Ⅲ . ①民族服饰—服饰文化—
介绍—中国 Ⅳ . ① TS941.742.8

中国版本图书馆 CIP 数据核字（2020）第 056750 号

——
本书图说中所用图片均为中国民艺博物馆实物拍摄。

主　　编 潘鲁生

执行主编 赵　屹

副 主 编 莫秀秀　袁　硕　潘镜如

本卷审读 赵　屹

本卷摄影 刘伟光　宋清华

本卷专论 赵　屹　田　源

本卷图说 闵雅风

本卷附录 闵雅风　苑慕华

策　　划 刘东杰

责任编辑 樊学梅

责任校对 舒　心

整体设计 袁　硕　姜宇浩

ZHONGGUO MINYIGUAN

YUNJIAN

中国民艺馆 云肩

主管单位：山东出版传媒股份有限公司

出 版 人：刘东杰

出版发行：山东教育出版社

地　　址：济南市纬一路 321 号　邮编：250001

电　　话：0531-82092660　　网址：www.sjs.com.cn

印　　刷：北京雅昌艺术印刷有限公司

开　　本：650 mm×965 mm　1/8

印　　张：42

字　　数：170 千

版　　次：2020 年 3 月第 1 版

印　　次：2020 年 3 月第 1 次印刷

定　　价：298.00 元

（如印装质量有问题，请与印刷厂联系调换）

电　　话：010-80451092

目 录

序

中国民艺博物馆场景

中国民艺博物馆场景

美在生活

潘鲁生

　　编纂出版一套《中国民艺馆》丛书，把我几十年来的民艺收藏以图书的形式呈现出来，是对自己民艺研究的一次学术梳理，也是以藏品图集的形式拓展关于民艺的交流空间，记录和呈现一种曾经热闹鲜活如今难免渐行渐远的民间生活，有如神遇，也是一种缘分。这套大型图书相对于民艺馆的实物展陈更为系统深入，能更充分地交代一件民艺藏品的所属品类、工艺谱系、历史过往和研究经历，展现实物背后的历史文脉以及隐含其中的无形氛围、生活感受和人生际遇。这套大型丛书以民艺藏品为起点，回溯关于生活日用、装饰审美、风俗习惯和工艺匠作等更广泛深沉的存在，更细致地体会民艺的用与美、物与道的关系，并最终回归民艺的生活本身。

　　生活有大美，民艺是生活的艺术。呱呱坠地时母亲缝制的虎头鞋、满月时亲友邻里的"百家衣"、年节窗棂上红火灵透的窗花、出嫁成家时的"十里红妆"，直到故去时尘土火光中纸马跃动化作薄烬轻烟，传统岁月里的一生，是民艺点染串联的记忆、情谊和历史。人生一世，从一无所有走向一无所有，唯有这些温暖的牵挂、生活的浪漫和美好的期待，让人生不荒芜不寂寥，在岁月轮转和生活变迁中带来慰藉。从古至今，我们的民族并没有从彼岸世界寻求寄托，而是在现实生活里创造了丰富的吉祥文化以维系情感、寄托希望。人生实苦，生命无常，中华民族世代勤劳，充满生活的热情，在民艺的创造里续存生活的艺术。

王朝闻、潘鲁生主编《中国民间美术全集·祭祀编·神像卷》《中国民间美术全集·祭祀编·供品卷》

　　我十分庆幸在世间千万行当里能与民艺结缘。这是一块坚实的土地，使我更深刻地感知过往、理解艺术、认识生活。在流水般的日子里，民艺承续着人之常情，即使看起来简单朴素的用具，其中也有岁月的磨砺、艰辛的劳动以及在单调反复中积淀的成熟，一切众生都云集于这个世界。民艺让人感到充实、活得踏实，没有荒废世间际遇所给予的一切。

1983年，潘鲁生在陕西临　　1984年，潘鲁生考察潍坊风筝制作工艺　　1989年，潘鲁生考察山东曹县桃源集送　　1992年，潘鲁生与日本道具学会专家
潼征集民艺藏品　　　　　　　　　　　　　　　　　　　　火神"花供"习俗　　　　　　　　　共同开展田野调查

一、我与民艺有缘

　　我出生在鲁西南，家乡曹县是座老城，位于黄河故道旁，历史可追溯至夏商，皇天后土，文脉汤汤，有淳厚的民风习俗和丰富多彩的民间文化。我家住在老县城大圩首北街，南街有戏园子，后街是古楼街，街上有不少作坊店铺，每逢集市，扎灯笼、编柳筐、捏面人，好不热闹。家乡受鲁文化影响，尊礼重教，民俗活动非常讲究，大家好热闹，爱排场，但不讲究吃穿，更多的是精神追求。比如人们心里有了念想，精神有了起伏，嗓子就痒，便把唱戏作为抒发情感的一种方式。老家是有名的"戏窝子"，老百姓结婚时唱戏，生孩子时唱戏，老人祝寿时唱戏，祭奠先人时唱戏，喜庆节日请民间的戏班唱戏也很普遍，流行的顺口溜说："大嫂在家蒸干粮，锣鼓一响着了忙，灶膛忘了添柴火，饼子贴在门框上"，十分生动形象。我在这样的环境里长大，听戏听得入了迷，深深地沉醉于家乡的文化。一些戏曲题材的剪纸、刺绣、年画、彩灯也是一个装有民间戏文的筐，样样齐全。我奶奶虽不识字，但教我背下《三字经》，她那个夹着鞋样的"福本子"，放的是全家的鞋样子，有花花草草的剪花样、戏文人物、吉祥图案，是百看不厌的图样全书。曹州一带"福本子"的歌谣唱道："娘家的本（本子），婆家的壳（封面），生的孩子一小窝。娘家的瓤（内容），婆家的壳（外皮），打的粮食没处着。"当年听着有趣，岁月愈长愈感受到其中关于生活的韧性和希望。儿时的记忆里，最难忘的还有家乡的"小孩模"玩具，就是孩子们用胶泥翻模做出各种形象。家乡的河多、坑多、水面多，小孩子玩耍时取水用泥非常方便，孩模里有神话传说、历史故事、戏曲形象、曲艺杂技、花草植物、飞禽走兽、吉祥图案，还有汉字等，内容十分丰富。比如"武松打虎"的孩模图画，艺人大胆地将武松形象与虎之身躯合为一体，形与神、力与体高度融合概括，英雄气概表现得淋漓尽致。其中的民间语言、艺术张力，以及关于正直、守信、责任的朴素道理，对成长中的孩子来说有莫大影响。它不仅是民间口头文学的插图绘本，也不仅是过去儿童识图、识数、辨色、会意的教材，而是一种民间文化启蒙与传承的精神纽带，从中能体会到情感、情义和生活的滋味。我常想，这样的童年生活是丰厚的，故事鲜活，曲韵悠悠，它们是一种绵长

1997年，潘鲁生与台湾《汉声》杂志社　1997年，潘鲁生考察菏泽民间吹糖人工艺　1998年，潘鲁生在山东沂南考察皮影艺术　1998年，潘鲁生考察
吴美云一行共同开展蓝印花布调研　　　　　　　　　　　　　　　　　　　　　　　　　　　　　　　　　　　　　　　杨家埠年画印制工艺

的力量，时时滋养着心灵。民艺是一个丰富的生活世界，长于其中更能体会人之常情，在以后的岁月里也更容易触物生情，人生从此烙下了乡土、乡亲、乡情的底色，永远有一种乡愁记忆。

20世纪70年代末，我在县城工艺公司当学徒，做过羽毛画、玻璃画，画过屏风、册页。1979年的谷雨时节，我在菏泽工艺美术培训班有幸跟随俞致贞、康师尧等先生学习传统绘画，这也是我从艺求学的一个起点。传统图案的构成法则和装饰趣味与家乡的风土人情水乳交融，这一切令我痴迷。记得鲁迅先生说，老百姓看年画是"先知道故事，后看画"，熟知了神话、传说、戏曲、民歌后才以年画、剪纸等视觉形象装点生活。我在鲁西南的乡土长大，少年时有机会学习家乡的手艺，也从耳濡目染的生活体验中学了不少东西。

此后十余年，我踏上了从艺求学之路，从考取山东省工艺美术学校，到赴中国艺术研究院、南京艺术学院求学深造，我在民艺研究上找到了自己的专业追求。其间，我跟随王朝闻、邓福星等先生做资料员，师从张道一先生学习民艺理论，跟随张仃、孙长林等先生体会艺术的传承出新之道。受到美术史论和学科视野的影响，我将民艺作为我们民族文化史、生活史的一部分，作为我们民族文化艺术中带有原发性和基础性的组成部分，加以认识和研究，希望进一步建立起合乎客观实际的研究架构，疏浚源流，理清脉络，从人民群众自发的艺术创造中找出艺术上的规律，同时进一步探究民艺与民俗以及诸多姊妹艺术的关系。在这个过程里，我养成了行走田野调研的治学和生活方式，也不断在创作中自觉取法，渴望从民间艺术里学习借鉴、汲取营养，可以说是黾勉而行，乐在其中，受益良多。

在中国艺术研究院学习期间，王朝闻先生的美学观和美术史观启发我从更开阔的文化和美术源流上看待民艺，帮助我形成了系统的研究思维和视野，也更加坚定了我民艺研究的志向。其时，王朝闻先生不仅在他主编的《中国美术史》中将民间美术收录为专题，作为研究对象，而且从美学意义上强调民间艺术是民间文化形态和民众生活审美心理的历史积淀与相互渗透的产物，与西方艺术相比有自身的形式规律和生活基础，在研究的方法论上也应多维贯通。此后，我有幸参与了王朝闻先生整理分类等学术活动，进一步深化了对中国民间美术的发生发展脉络、基本面貌、美学精神和文化特征的研

潘鲁生著《民艺学论纲》（上图）
潘鲁生主编《中国民艺采风录》（下图）

2001年，潘鲁生考察山东沂源农家针线活儿

2002年，潘鲁生考察菏泽农村民间生活方式

2006年，潘鲁生考察位于大阪的日本民艺馆

2006年，潘鲁生考察新疆民间手工艺

究与探索。回想起来，我很感念这段求学和工作的经历。当时正逢"美术新潮"兴起，一些迷茫者失去了文化自信，也有不少人放弃事业下海经商。王朝闻先生一直鼓励我坚守，他在1988年给我的题词中写道："任何事物都有两面性，不能因为实际生活中存在两面派而否定这合理的两面性。企图把铁棒磨成绣花针的行为，岂不也有值得肯定和否定的两面？艰苦奋斗的精神体现于磨针的傻劲，这样的傻劲值得肯定。热爱民间美术的潘鲁生君探求它的艺术规律和我不惜啃桌子消耗生命的傻行同调。他的来日方长，对民间美术的痴情定能得到更可喜的报答。"作为一个蹲守乡村田野的民艺研究者，我是幸运的，没有动摇过求艺的初衷，没有放弃对民艺的追求，一路走来十分充实。对我来说，民艺是物，也是事，是文化的生态和生活的网络。先生们的鼓励赋予我坚定的动力，此后，我行走田野，不间断地调研，记录和整理了百余项濒临灭绝的民间手工技艺，也提出了民间文化生态保护计划，希望尽可能地留存民艺，续传文化的薪火。

记得在南京艺术学院攻读博士学位时，导师张道一先生以"中国民艺学论纲"作为我的学位论文选题，希望把民间文艺的经验转化为学理，梳理出民间文艺的知识谱系，建构中国的民艺学科。张道一先生教导我们要建立学科意识，也一点一滴地传授给我们治学的理念和方法。他回忆陈之佛先生的嘱咐："搞史论不要离开实践，一旦与实践脱离，许多问题不但看不出，也吃不透"，还有钟敬文先生的叮嘱："要把民艺'吃透'，不能停留在表面的艺术处理"。他说："民间艺术是通俗的，语言质朴，平中出奇而清新刚健，绝无矫揉造作，形式上的刀斧痕却显出大巧若拙的特色。但是并非所有的通俗艺术都是民间艺术，也不是所有的民间艺术都属上乘。研究须要识别，有识别才能上升，如果真伪不辨，良莠不分，是很难进入更高的境界的。"至今我常常重读张道一先生对我博士论文所写的寄语："任何学问都有开头，任何研究都是从分别到整合。民间艺术的研究从近处说已经过了几代人，鲁生君可说是后来者；不同的是他对民间艺术做了全方位的关照和综合的论述，在民艺学的建设上做出了自己应有的贡献。真正的奉献者是不计较社会的酬

2009年，潘鲁生考察澳门博物馆传统工艺展览

2014年，潘鲁生与英国人类学家雷顿一起调研日照农民画

2015年，潘鲁生考察云南大理挖色镇白族大成村民俗活动

2017年，潘鲁生考察广东潮州民间节庆活动

2018年，潘鲁生考察内蒙古和林格尔县舍必崖乡民间剪纸

劳和名次的。我希望他继续躬行于兹，成为在这块园地上耕耘的坚强者；既要坚强地做下去，又要坚强地站起来。虽然在当前的世风面前它显得有些软弱，甚至被冷落，但我坚信，这是中华民族文化发展的需要，也将是民族的光荣。"这几十年，研究中国的民艺学和手艺学，成为我的学术目标和使命。调研工作是艰苦的，探究事理更需有严格的科学态度，既要把根扎在田野，还要由表及里、综合分析，把规律事理学深悟透。如张道一先生所言，"既然社会关系像一个蛛网，互相牵动着，民间艺术处在社会的底层，也必然有它的复杂性，有些问题仅仅用艺术的某些观点是难以解决的"，研究民艺需要更开阔的视野、更全面的思考和探索，对我来说，它已不只是志趣，更是一种人生的使命。

在山东工艺美术学院教学的三十多年，我一直不离"民艺"这个主题。一方面，民艺是中华民族的母体艺术，不仅是艺术之源，也是艺术之流，是我们民族民间文化的种子库。我们的艺术教育特别是工艺美术教育离不开这个"基础"和"矿藏"。另一方面，民艺是中华民族大众群体的创造，是为包括衣食住行、生产劳动、人生礼仪、节日风俗、信仰禁忌和艺术生活在内的自身社会生活需要而创造的，绝大多数同实际应用相结合，工艺在其中占有相当比重，工艺美术教育要守住这支造物文脉。其间，在诸位先生的关心和指导下，我们在工艺美术学院的教学和科研中突出民艺特色，较早将民艺教学引入了大学课堂。今天，在反思艺术教育普遍存在的问题时，我认为非常重要的一点仍在于文化自信和文化传承。艺术的内涵和形态有民族文化的基础，应该表征我们民族文化群体的感情气质和民族精神，反映我们民族本元文化的哲学精神，具有自身的造型体系和色彩体系。不知己焉知彼，不了解历史传统也难以把握当下和未来。我们的高等艺术教育不能完全仿效西方，民间艺术贯通于数千年的历史长河，体现民族文化传统的延续性，在某种程度上成为文化传统的"活化石"，成为艺术教育体系的有机组成部分。

我与民艺有缘，从求学到教学，从书斋到田野，希望自己下得苦功夫，做些深入的研究和探索。

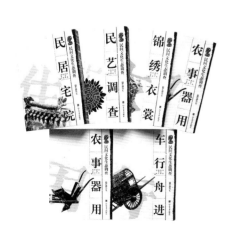

潘鲁生主编《民间文化生态调查》

著名美学家王朝闻为潘鲁生题词

1998 年，"中国民艺博物馆"
由山东省文化厅批复成立

二、创建民艺馆是我的梦想

从 20 世纪 80 年代初开始行走田野、采风调研至今，转眼已三十多年过去了，在社会发展和文化转型的大背景下，我目睹了传统村落的变迁，也结识了不少民间艺人。在乡间，在街巷，在作坊，与年迈的老艺人聊聊手艺活儿，听听民间艺人拉呱的乡音，已成为我生活的一部分。在热闹的年集上，在农家的婚丧大礼上，尤其能感受到民间艺术的厚重鲜活，也常常在人走歌息、人亡艺绝的现实里感到无奈和哀伤。所以，收藏民艺，不只是搜集民艺研究的第一手资料，也是守护一种生活图景、生活方式和生活记忆。那些年画花纸、门神纸马、剪纸皮影、陶瓷器皿、雕刻彩塑、印染织绣、编织扎作、儿童玩具等，不只是物件本身，而是交相辉映的生活乐章，陈设点染间，留下的是昔日生活的气息。那由八仙桌、条几、座屏、座钟、中堂画、对联、花瓶、靠背椅等组成的堂屋，端正有序，民艺民具组合而成的是传统的时空格局、礼仪秩序和生活氛围。还有北方炕头上木版刷印的年画，纸糊窗格上的剪纸窗花，妇女的挑花刺绣，孩子们的虎头鞋、长命锁、新肚兜等，演绎着乡土生活。生活是民艺生成的土壤，也是我们认识和思考民艺价值的出发点。民艺里有民族的生活史，不像史书典籍那样有宏大的主题，不以精英经典为代表，汇集的是寻常日子里的生活源流。婚丧嫁娶、针头线脑、锅碗瓢盆、悲喜交集，是芸芸众生的生活本身，循着这些老物件儿能够看到过去岁月里百姓的心灵与生活。

在社会和文化转型的背景下，收藏民艺，也是给千千万万寂寂无闻的民间艺人留下文化的档案。这三十多年来，我收藏了不少民间服饰，有嫁衣盛装，也有平常日子里的服饰，它们的款式、用料、拼布、挑花、绣花、镶边、扣襻等，丰富多彩、千姿百态，有着独特的地方风情和艺术个性。还有那些木桶、竹篮、木刨、风箱，往往是陈旧的甚至粗糙的，但里面蕴含着劳动人民的巧思和意匠之美。张道一先生在为《民艺学论纲》题写的序言中曾感慨，农村妇女的"女红"有的做得相当高超，可是她们并不认为这就是艺术，因

中央工艺美术学院院长张仃为"中国民艺博物馆"题写馆名

中国民艺博物馆场景　　　　　　　　　　　　　　　中国民艺博物馆场景

2000 年元旦，千禧年第一天，中国民艺博物馆（青岛馆）开馆仪式在全国青少年青岛活动营地举行

为在她们手中的"针线活"就是她们生活的一部分。在她们看来，为孩子做鞋做帽，缝纫刺绣，为装点生活环境，剪纸贴花，为老人长寿祝福，蒸作面塑，都是理所当然的事。"这种自发、自作、自给、自用、自娱的艺术创造，最能说明艺术与人生的关系。"当这些自然而然的传承与创造逐渐从日常生活中退出，人们也许热衷于从所谓国际时尚中建立一种生活定位。民艺收藏既是无奈之举，也是为昔日生活艺术的创造者立档存志，是集体的、无名的，却是真实存在的，不应被新的潮流湮没，要留下它的脉络和踪迹。

带着田野采风调研的收获，我终于在 20 世纪 90 年代建起了民艺博物馆，将行走田野收藏的民间生活器用和工艺品向公众展示，有农耕时代不同地域的生产用具、交通工具、服装饰品、起居陈设、饮食厨炊以及游艺娱玩器用等几十个品类的老物件儿，存录了中国传统民间的生活方式和文化档案。1998 年，中国民艺博物馆正式注册，成为山东省首家注册的公益性博物馆。张仃先生为民艺馆题写了馆名。我相信，这些老物件儿、老手艺不只是沉睡封存的档案，而是有生命、有生活的民间智慧，这些文化种子库是民间文化的宝物，必将繁衍出新的文化生命，活在老百姓的生活之中。

向公众展示一个大美的民艺世界是我一直以来的愿望，走进博物馆并不是民艺的最终归宿。这些民间的日用之美不应被机械工业、市场商品等怒潮消解和吞噬，不应仅带着斑驳的时间旧痕伫立在博物馆的玻璃箱里。民艺馆建设只是一个起点，还要通过中国传统民艺的实物文献收集和生活还原展示，进一步展开更深入的宣传、教育和研究，中国民艺博物馆因此也是一个面向社会的大课堂和研究基地，建馆以来不仅接待了国内外专家学者、青少年学生及社会各界人士数十万人次，也成为传统工艺传承、弘扬、创新与衍生的平台。我们组建了学术团队开展中国民艺学理论研究和田野调研，在 20 世纪 90 年代初就提出了"民间文化生态保护"理念，组织实施了"民间文化生态保护计划"，21 世纪以来开展了历时十年的"手艺农村调研"，并在近

1998年，"中国民艺博物馆藏品展"在山东工艺美术学院收藏展览中心开展

2003年，俄罗斯科学院高尔基世界文学研究所首席研究员、著名汉学家李福清在中国民艺博物馆考察民间年画

2004年，著名艺术家韩美林参观中国民艺博物馆

2005年，中国民俗学会会长、中国社会科学院学部委员刘魁立参观中国民艺博物馆

年实施的国家社科基金艺术学重大课题研究中提出了城镇化进程中传统工艺的发展策略，其间会同国际文化人类学家开展民艺田野调研，进行了深入研究和交流。

应该说，民艺博物馆是一种生活历史的记录，也是生活的诉说。回望昔日的生活图景，在百姓日用中保留属于我们这个民族的匠心文脉、生活记忆，建构我们民族的生活美学。

三、民艺的生活美学

民艺是生活的艺术、生活的美学，民艺造物是对生活之美的创造。民间的面花、剪纸、服饰、刺绣、染织、绘画、年画、皮影、面具、木偶、玩具、风筝、纸扎与灯艺、社戏脸谱、陶瓷、雕刻和民居建筑、车船装饰和生活用具等，融于衣食住行，关联社会民俗，是对于美的集体记忆和创造，是民间生活的诗情画意。回想昔日农村染块布做身衣服的讲究，纺线织布绣花缝补的精巧，还有民艺维系的民间礼仪，都是生活的审美、生活的品位。民艺不仅以有形的、自在的、奔放炽烈的语言体现在生活中，也以平常之美体现生活的意义和价值。

民艺的工具和材料往往随手可得，就地取材，工艺和形态远离浮华、奢侈，具有朴实、自然的特点。民艺发掘了日常生活中事物、事理以及自然节律、材质的意义和价值，比如使自然里荣枯有时的竹、柳、藤、草成为筐、篮、篓、笠、席、盘、垫，有了生活的韵味和价值；比如使一方轻薄的纸张裁剪之后幻化出现实生活、戏曲传奇、神话故事等无所不包的大千世界，其中有爱憎，有美丑，有百姓倾心歌颂的高尚和美好。短暂的自然生命因此变得隽永，平凡的物因此有了情感和生命。塑造生活的平凡之美和永恒的价值，正是民艺生活美学的真谛。

2008 年，济南市青少年活动中心
组织小学生参观中国民艺博物馆

2009 年，国际奥委会主席雅克·罗格
（Jacques Rogge）参观中国民艺博物馆

2009 年，著名美术学家邵大箴一行参观
中国民艺博物馆

2009 年，国务院学位委员会艺术
学科评议组召集人、著名民艺学家
张道一参观指导中国民艺博物馆

潘鲁生主编《手艺农村》（上图）
潘鲁生主编《中国手艺传承人丛书》（下图）

民艺中体现了一种美学观，其中包含一个丰沛的精神世界。在生活日用、装饰陈设、传统节日、人生礼仪、游艺娱乐以及生产劳动中，寄予了朴素的劳动感情、乐观的生活态度和美好的理想追求，充满了除恶扬善、辟邪扶正、和合圆满、吉祥如意的主旋律，反映出百姓对生活的热爱、对乡土的真情、对幸福的祈望，形成了我们民族乐观向上的精神风貌和民族气派。福禄寿喜的吉祥图案、避鬼驱邪的门神年画充满了人们对生活的期待与寄托，是真挚的，也是朴素而充满韧性的，更是无常、短暂甚至苦难也浇不灭的昂扬精神。张道一先生曾感慨，当他深入民间，与那些从未离开过家门的农村妇女交谈时，不仅感到她们情真、开朗、大方，也会被她们的"女红"所感染，从中领受到艺术的真实和人生的意义，"在民间艺术中蕴含着一种人间的真美，那是在美学书中找不到的"。

文化发展靠积累，民艺是我们文化创造的重要基础。张道一先生将民艺视作本元文化。一方面，从历史发展的序列进程看，在社会分工逐渐细致之前，在相当长的历史时期里文化具有一元性，民艺融物质文化与精神文化、实用与审美于一体，物质文化与精神文化兼容，物质文明与精神文明同构，是一种本元文化，而且当文化从一元走向多元、物质文化与精神文化分化之后，仍然保持了装饰、实用及风俗应用的有机统一和融会贯通，其本元文化性质没有解体，且不断适应并潜移默化地作用于人们的生活。另一方面，其本元文化的原发性内涵，也在于具有"艺术矿藏"等基础性和母体性，不仅在创作机制上丰富、自在，具有原发性、业余性和自娱性，是一种淳风之美的流露，体现了人与艺术的本质关系，而且也是一个民族、一方人群人生经验和生活文化的积累，具有传承性、集体性、民族性和区域性，反映了漫长历史进程中民族文化艺术的创造，体现其精神面貌和心理状态，是文明赖以延续和升华的基础。

在社会文化转型的背景下，生活从传统走向现代，我们的生活方式发生了不小的变化，安土重迁的观念和生活被城市化的流动打破，民间禁忌和祈望的仪式空间被现代生活观念和方式冲淡，传统器用的形态以及图案纹样里差序格局的基础逐渐消解，标准化、流水线甚至拷贝"全球化"的生活方式

2010年，中国工艺美术学会民间工艺美术专业委员会专家考察中国民艺博物馆　　2010年，凤凰卫视考察团参观中国民艺博物馆　　2013年，中国文联副主席、中国民协主席、国务院参事冯骥才参观中国民艺博物馆

成为主流。传统民艺与民风民俗相依存，作为传统民间生活的有形载体，从生活舞台的中央走向边缘，一些品类的技艺与传承甚至走向消亡。生活在变，不变的是人们对美好的永恒追求。民艺维系的是一份亲情、乡情、民情，连接的是民族精神的根脉与情感的纽带。在今天，民艺有生活的土壤和情感的需求，我们甚至比以往任何时候都更需要民艺，需要承载、安放、传递生活里最朴素亲和的情谊，需要传承生活的艺术和智慧，创造民间的生活之美，实现民生的审美关怀。传承和发展民艺，是一个生活文化的建构过程，把生活与美统一起来，使生活不是物质化的、空虚的、贫弱的，而是有匠心、有境界、有情感寄托的。美在生活，美在日常，在生活日用中塑造美、直观美，充实和提升的是最广泛深刻的社会认同。

当前，文化传承发展进入了新时代。国家全面实施"优秀传统文化传承与发展工程"，出台"传统工艺振兴计划"，鼓励文艺创作，坚定文化自信，坚持服务人民，推动文化产业成为国民经济支柱性产业，倡导文化的创造性转化与创新性发展。"乡村振兴战略"的启动实施，从根本上强调乡村文明是中华民族文明史的主体，村庄是乡村文明的载体，耕读文明是我国的软实力。"乡村振兴战略"从中华民族历史与文化的高度，深刻阐释了乡村的文化意义，明确了决定中国乡村命运的乡村地位，强有力地扭转了以狭隘的经济主义思维判断乡村价值的认识，对乡村文明的传承、文化载体的续存乃至中华民族精神家园的回归与守护都发挥了及时而长远的作用。乡村振兴涉及历史记忆、文化认同、情感归属和经过历史积淀的文化创造基础，民艺是其重要的载体和纽带。

《中国民艺馆》丛书初步计划出版30余册，不以严格的学术分类分册，而是从作品赏析的角度归类，包括《油灯》《玩具》《百鸟绣屏》《戏曲纸扎》《枕顶花》《饮食器具》《年画雕版》《鞋样本子》《云肩》《家活什儿》等。丛书定位在传统文化传承普及和青少年民艺欣赏学习的层面，通过摄影表现民艺作品的审美意象，适当增加民艺作品的文化传承、工艺匠作等方面的解读，力求做到总体有风格、每册有特色，具有欣赏性、教育性和审美性。丰子恺先生说："有生即有情，有情即有艺术。故艺术非专科，乃人所本能；艺术无专家，人人皆生知也。晚近世变多端，人事烦琐，逐末者忘本，循流

2017年，张仃夫人灰娃、著名文化学者王鲁湘参观中国民艺博物馆

2017年，潘鲁生考察西藏拉萨夏鲁旺堆唐卡

2019年，中国国家博物馆馆长王春法一行参观中国民艺博物馆

2015年，南京艺术学院留学生参观中国民艺博物馆

者忘源，人各竭其力于生活之一隅，而丧失其人生之常情。于是世间始立'艺术'为专科，而称专长此道者为'艺术家'。"他还说："艺术教育是一种品性陶冶的教育，不是技巧的能事。极端地说，学生不必一定要描画、作诗、唱歌。懂得昼夜的情调、诗歌的趣味，而能拿这种情调与趣味来对付自然人生，便是艺术教育的圆满奏效。虚荣实利心切的，头脑硬化的，情感的绝缘体，在人群中往往做很不自然的障碍物，即使会描画作诗，乃是俗物。"让读者感知民艺的生活、民艺的世界，也是回归生活本身，于朴素的情感和趣味中体会创造，当生活的艺术家。民艺的复兴需要的正是万千生活主体的创造，复兴民族文化的创造力。

《中国民艺馆》丛书的出版，或许能使读者更清晰、更细腻地感知民艺的造型形态、材质肌理、纹样色彩和生活磨砺的岁月感，了解一件民艺作品背后的历史和生活状态，在纸页翻转中流连于民间的造物文化。我们要体现的不只是民艺的历史和知识，而是民艺独一无二、无可替代的意义和价值，它关系到我们对物、对用、对美的理解和感受，不断实现优秀传统的延续、记忆的延续，维系民艺与生活的内在联系。民艺里包含深切的人情心意，人们在日常使用中察觉和实现着其中的含义，也从中寻见自己，所以，珍视民艺，传承民艺，不仅是对消逝之物的怀旧之心，也是一种生活方式、文化认同、心灵境界的建构。认识民艺，感受民艺，学习民艺，是以生活的艺术涵养民族文化之心灵。

借助《中国民艺馆》丛书，让我们再次凝视民艺之美，感受生活之美。也希望丰富多彩的民艺回归朴素的生活，如不息的河流随岁月流转，哺育滋养一代代人的生活，在造物的智慧、用物的享受、爱物的快乐中寻得更美好的境界。

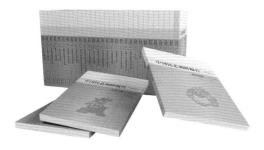

潘鲁生主持国家社科基金艺术学重大项目，百部《中国民艺调研报告》文库出版

丁酉秋于历山作

专 论

礼制之美

中国服饰发展历史悠长，自其产生至今已五千多年。在中国传统文化观念、精神信仰及思维方式的影响下，服饰不仅作为人们日常生活中蔽体御寒之物，更是古代中国政治制度与礼乐文明的重要内容与载体，在种类、形制、纹样、色彩、材质等诸多方面彰显出礼仪规范、等级观念、审美情趣、价值追求、生活习俗等。李泽厚在《美的历程》中说："建立在中国传统礼制的基础和原则之上的中国艺术和审美，强调的是艺术对于情感的构建和塑造作用，这不同于西方的艺术审美。"[1] 服饰制度因其礼治教化和等级辨识功能而受到历代统治者重视。汉代董仲舒说："王者必受命而后王。王者必改正朔，易服色，制礼乐，一统于天下。"[2] 可以说，中国的服饰文化与人类文明进步及社会发展关系十分密切。

"礼"是中国古代社会统治阶级维护社会尊卑等级秩序、调节社会成员关系的有效手段，"夫礼者，所以定亲疏、决嫌疑、别同异、明是非也"，"君臣上下，父子兄弟，非礼不定"[3]。自周礼形成以来，"礼"便由祭祀仪式扩展到各种社会礼仪场合，主要有吉礼、凶礼、军礼、宾礼和嘉礼。吉礼是祭祀日、月、星辰、五岳、山川以及四方百物的礼仪；凶礼是对帝王诸侯丧葬以及对天灾人祸哀悼的礼仪；军礼是军事、军旅等场合所行之礼，如出师、田猎等；宾礼是诸侯对王朝见，以及各诸侯之间会盟的礼节；嘉礼是举行婚礼、冠礼时的礼仪。按照礼制规定，不同礼仪场合，人们必须穿着与礼仪相符的服饰，而不同级别、地位之人的服饰按等级也有差别，冠服制度由此确立。

① 李泽厚：《美的历程》，转引自张云燕《中国社会生活史》，黑龙江大学出版社，2014，第70页。

② （汉）董仲舒：《春秋繁露》，转引自赵伯雄《春秋学史》，山东教育出版社，2014，第32页。

③ 杨天宇撰：《礼记译注》，上海古籍出版社，1997，第3页。

英国学者特伦斯·霍克斯认为："任何事物只要他独立存在，并和另一事物有联系，而且可以被'解释'，那么他的功能就是符号。"[1] 符号是信息意义的外在形式和物化载体，是事物表述和传播中不可缺少的一种基本要素，其功能就是便于携带和传达意义，人类通过符号和符号体系来传递信息。[2] 通过典章制度来规范和制约社会成员的着装行为，禁止"逾制僭越"，确保等级社会的秩序化运行，冠服制度成为特定的文化符号。《宋史·舆服志》载："夫舆服之制，取法天地，则圣人创物之智，别尊卑，定上下，有大于斯二者乎！"[3]《元史·舆服志》载："粲然其有章，秩然其有序。大抵参酌古今，随时损益，兼存国制，用备仪文。于是朝廷之盛，宗庙之美，百官之富，有以成一代之制作矣。"[4] 明代对服饰等级制度更是高度重视，在开国之初就加以严格订立，"（太祖）乃命儒臣稽古讲礼，定官民服舍器用制度。历代守之，递有禁例"[5]。

　　《周易·系辞下》说："黄帝、尧、舜，垂衣裳而天下治，盖取诸乾坤。"[6]《帝王世纪》中亦载："黄帝始去皮衣，为上衣以象天，为下裳以象地。"可见，中国古代服饰自黄帝时期开始，即为上衣下裳的形式，这也是中国古代服饰的基本组合样式。上衣下裳形制的形成，应与古人的宗教祭祀及天地崇拜观念有关。人类社会初期，生产力水平低，人们的认识能力有限，无法对诸多自然现象做出科学、合理的解释，就认为有某种超自然力量存在，并把这种超自然力量归为天与地。出于对天地的敬畏和尊崇，人们希望通过各种拜祭天地的仪式与天地对话。上衣下裳的形式也许就是仿效天地而定，衣为上，上为天；裳为下，下为地。《释名·释衣服》载："凡服上曰衣。衣，依也。人所依以庇寒暑也。下曰裳。裳，障也。所以自障蔽也。"[7]

　　冕服是中国古代服饰中最重要的礼服形式，也是流传时间最长、内容最丰富、保留最全面、文化隐义最突出的礼服系列之一。[8] 冕服作为古代帝王、诸侯参加祭祀仪式的礼服，采用的就是上衣与下裳的服制。根据考古发掘和古籍印证，古代帝王服饰至西周已基本定型并系统化，主要分为礼服和常服。冕服在周朝正式确立。《周礼·春官·司服》记载的冕服分成六款，分别为大裘冕、衮冕、鷩冕、毳冕、希冕、玄冕，因此叫"六冕"。各级人员在重大祭祀场合，需要穿着自己所属级别可以穿的最高级别的冕服。《周礼·春官·司服》："王之吉服：祀昊天上帝，则服大裘而冕，祀五帝亦如之；享先王则衮冕；享先公飨射，则鷩冕；祀四望山川，则毳冕；祭社稷五祀，则希冕；祭群小祀，则玄冕。"[9] 冕服上装饰有"十二章"之制，十二章纹饰不

[1] 崔恒勇：《互动传播》，知识产权出版社，2015，第48页。

[2] 郭庆光：《传播学教程》，中国人民大学出版社，2011，第35页。

[3]（元）脱脱等撰：《宋史》，中华书局，1997，第913页。

[4]（明）宋濂等撰：《元史》，中华书局，1997，第507页。

[5]（清）张廷玉等撰：《明史》，中华书局，1997，第438、448页。

[6]（清）阮元校刻：《十三经注疏·周易正义》，中华书局，1980，第87页。

[7]（清）王先谦撰集：《释名疏证补》卷五，上海古籍出版社，1984，第245页。

[8]（宋）聂崇义：《三礼图》卷三，日本影印宋淳熙刊本。

[9]（清）阮元校刻：《十三经注疏·周礼注疏》，中华书局，1980，第781页。

仅弥补了上衣下裳形制的简单，而且体现了社会等级与尊卑有序的礼法观念。十二章纹样为日、月、星辰、山、龙、华虫（雉）、宗彝、藻（水草）、火、粉米、黼（斧形）、黻（亚形）。十二种纹样各有特定的象征意义。日、月、星，取其照临光明，如三光之耀之意；龙是神明的象征，同时又不可捉摸，取意应变；山，象征王者的崇高；华虫（雉），取其有文彩，表示王者有文章之德；宗彝，表示有深浅之知、威猛之德；藻（水草），象征冰清玉洁；火，取其向上；粉米，代表食禄丰厚；黼为斧形，象征决断；黻做两已相背，象征善恶分明等。郑玄注：“至周，而以日、月、星辰画于旌旗，所谓三辰旌旗昭其明也，而冕服九章。……初一曰龙，次二曰山，次三曰华虫，次四曰火，次五曰宗彝，皆画以为缋；次六曰藻，次七曰粉米，次八曰黼，次九曰黻，皆希以为绣，则衮之衣五章，裳四章，凡九也。鷩（冕）画以雉，谓华虫也，其衣三章，裳四章，凡七也。毳（冕）画虎、蜼，谓宗彝也，其衣三章，裳二章，凡五也。希（冕）刺粉米无画也，其衣一章，裳二章，凡三也。玄（冕）者，衣无文，裳刺黻而已，是以谓玄焉。”[1]纹样不同，所属官阶不一样。天子之服，十二章全用，诸侯只能用龙以下八种，卿用藻以下六种，大夫用藻、火、粉米四种图案，士用藻火两种图案，界限分明，不可僭越。周朝时建立的色彩典章制度，将赤、青、黄、白、玄五色定为正色，其他色定为间色，并赋予各种颜色不同的意义和等级象征。《后汉书·舆服志》有记载：“尊尊贵贵，不得相逾，所以为礼也。非其人不得服其服，所以顺礼也。”祭祀礼服上衣的颜色要用青中略红的“玄”色，代表的是拂晓时的天空之色；而裳的颜色则选用赤黄的大地之色，称之为“纁”色；古人称之为“玄上纁下”。《礼记·玉藻》：“衣正色，裳间色。”汉郑玄注：“冕服，玄上纁下。”唐孔颖达正义：“玄是天色，故为正；纁是地色，赤黄之杂，故为间色。”[2]

中国自古即为“衣冠上国”“礼仪之邦”，服饰礼仪与文化内涵是中国传统文化的重要组成部分。其中，云肩作为装饰于肩部的一种服饰品，是我国服饰文化中的一朵奇葩，其礼制之意、文化内涵与艺术成就绚烂多彩。云肩又称披肩，前身为披帛、帔子，是我国汉族传统礼服的重要配饰。《中国服饰大典》：“汉族服饰，古代源自北方少数民族的肩饰……多以锦类制成，饰在背前后左右四周，多用云纹花边……有的还饰以坠线，故称‘云肩’。”[3]云肩多以绸缎为之，上施彩绣，四周饰以绣边或缀以彩穗，形如云朵状。其原形可追溯到“未有麻丝，衣其羽皮”的远古时代。云肩多见于佛教人物、

①（清）阮元校刻：《十三经注疏·周礼注疏》，中华书局，1980，第781页。

②（清）阮元校刻：《十三经注疏·礼记正义》，中华书局，1980，第1477页。

③徐海荣主编：《中国服饰大典》，华夏出版社，2000，第122页。

宫廷贵族、歌舞乐妓的穿着，起初主要为西北地区少数民族使用，其造型样式最早可见于隋代敦煌壁画第 62 窟西壁龛顶北侧的吉祥天女形象。秦汉以前尚无有关云肩的文字记载。秦汉时期，披帛、帔子开始出现。《事林广记》引实录曰："三代无帔。秦时有披帛，以缣帛为之，汉即以罗。晋永嘉中制绛晕帔子。开元中令王妃以下通服之……"[1]"云肩"一词的正式使用始于金代，《金史·舆服志》载大定年间"又禁私家用纯黄帐幕陈设，若曾经宣赐鸾（銮）舆服御，日月云肩、龙纹黄服、五箇鞘眼之鞍皆须更改"[2]。元代云肩多为贵族命妇所穿。云肩，作为配饰，也自然以衬托佩戴者的高贵身份为目的。《元史·顺帝纪六》中记载："时帝怠于政事，荒于游宴，以宫女三圣奴、妙乐奴、文殊奴等一十六人按舞，名为十六天魔，首垂发数辫，戴象牙佛冠，身被缨络、大红销金长短裙、金杂袄、云肩、合袖天衣、绶带鞋韈，各执加巴刺般之器，内一人执铃杵奏乐……遇宫中赞佛，则按舞奏乐。"[3]元代，云肩也为宫廷舞女乐妓在节日时穿用。元代，男性穿戴云肩或云肩纹样袍服也较为普遍。明代云肩继续作为朝廷命妇礼服，与金珠翠妆饰、金坠子等其他奢华配饰相配，彰显命妇的高贵身份与地位。明朝中后期，随着社会发展尤其是经济发展较快的江南一带，服饰制度不断松动，明初服饰制度所规定的命妇穿冠服时佩戴云肩，引发平民仿效，使云肩开始在民间流传。妇女们将它作为礼服上的装饰，也称之为围肩。明崇祯《松江府志》："女子衫袖如男子，衣领缘用绣帕，如莲叶之半覆于肩，曰围肩，间坠以金珠。"[4]自此，云肩成为汉族妇女的专用服饰，并且有了等级制度。《续文献通考·王礼八》记载：命妇冠服，洪武四年定，"一品，衣金绣文霞帔，二品，衣金绣云肩大杂花霞帔，三品，衣金绣大杂花霞帔，四品，衣绣小杂花霞帔，五品，衣销金（用金粉调胶画花）大杂花霞帔，六品、七品，衣销金小杂花霞帔。八品、九品，衣大红素罗霞帔"[5]。云肩在清代发展至鼎盛，成为汉族婚礼必备服饰，儿童亦多使用。《清稗类钞》记载："云肩，妇女蔽诸肩际以为饰者。元之舞女始用之，明则以为妇人礼服之饰，本朝汉族新妇婚时亦有之。"[6]其形制按照大小分为三类，最为华丽者是作为礼服配饰的"宫装"。叶梦珠在《阅世编·冠服》中记载："内装领饰，向有三等：大者裁白绫为云样，披及两肩，胸背刺绣花鸟，缀以金珠、宝石、钟铃，令行动有声，曰宫装；次者曰云肩，小者曰阁鬓，其绣文缀装则同。近来宫装，惟礼服用之，居常但用阁鬓而式样各异，或剪彩为金莲花，结线为璎珞样，扣于领而倒覆于肩，任意装之，尤觉轻便。"此时云肩除用于装饰外，也有实用价值。已婚妇女发式为髻，髻低及肩。云

① （宋）陈元靓撰：《事林广记》，转引自高振铎主编《古籍知识手册》，山东教育出版社，1988，第 1211 页。

② （元）脱脱等撰：《金史》，中华书局，1975，第 980 页。

③ （明）宋濂等撰：《元史》，中华书局，1976，第 918～919 页。

④ 转引自王金华《中国传统服饰·云肩肚兜》，中国纺织出版社，2017，第 50 页。

⑤ 转引自钱玉林、黄丽丽主编《中国传统文化辞典》，上海大学出版社，2009，第 77 页。

⑥ 徐珂主编：《清稗类钞》，中华书局，2003，第 6215 页。

云肩穿戴示意

肩可防止油污对衣服的损害。李渔《闲情偶寄》："云肩以护衣领，不使沾油，制之最善者也。"（如上图）

吴祖慈在《艺术形态学》中，把形态定义为：形态一般可解释为物体的形态、姿态。形态作为艺术创造的载体，是指带有人类感情和审美情趣的形体。云由气的运动变化与堆积而成，先人在长期的耕作实践中认识到云能造雨以滋润万物，给人们带来吉祥如意。云形态万千，变幻莫测，许多神话传说中的神灵都是彩云烘托、祥云缭绕，使人们产生敬畏崇拜的心理。云能兴风动雨，它的凌空之势和无常之象，使人们将其视为天意的显示与实施，所以先人们祈雨的祭祀活动往往先祈之于云，以五云之物辨吉凶、水旱、丰荒之象。殷商时期，人们从天上之云的基本构形中提取出涡形曲线形成"云"字。许慎《说文解字》释："云，山川气也。从雨，云象云回转形。凡云之属皆从云。"[①] "云"字描绘了自然云纹的曲直形态变化，微妙而富有趣味。云纹的形态经过了漫长的历史演变和创新，虽然各个朝代对自然云纹的语义有不同诠释，但其形态反映了人们对自然美的崇尚，以及追求"天人合一"的主题思想。自然云纹图案寄托着人们对四季平安、风调雨顺、五谷丰登的美好向往。就艺术形态而言，云的形态是飘逸流动的曲线，它的结构回转交错，体现了中国人对事物的动态特征和流动形式美的注重和喜爱。因此，传统工艺美术中经常运用变化多端的云纹来增添装饰的流动感和神秘感。在"祥云"这种中国传统装饰纹样中，"祥"表达了人们对吉祥、和平、美好的主观愿望，是"心神合一"的产物。云纹在云肩中的使用主要为三种：一是将云的自然卷曲形态，与云肩的其他装饰纹样融合在一起，使云肩图案显得生动和优美；二是把云的自然形态加以抽象提炼成单独的云纹形状，或与如意形结合构成如意云纹

① （汉）许慎撰，（宋）徐铉校订：《说文解字》（影印本），中华书局，1963，第 242 页。

四合如意式平针绣花草动物纹云肩

形绣片；三是只为适形在，连缀式云肩会因解构分割而形成一定空间，用云
纹起填补作用，并且协调云肩与人体的贴合。云肩服饰中写实云纹形态的应
用表现了人们对自然的崇拜，而抽象云纹则是人们对情感的寄托。民间常把
自然特征的云纹变形为富有生命哲理观的螺旋线形，表达生命像云气一样连
绵不绝，象征生生不息的吉祥寓意。如意符号是继云纹后在云肩中被广泛运
用的又一纹样形态。如意是佛教僧人讲经、传戒、升座等大型法会上皆须持
用的一种法器。自如意由印度传入我国后，因其多用象牙、玉石或檀木等贵
重材料制成，上端形似灵芝或云头，是祥瑞如意的象征，因此出现了如意云
纹的装饰纹样。如意云纹的典型样式一般由两个对称的内旋勾卷形和一条或
圆滑流畅或停顿转折的波形曲线连接而成。这一形态常被作为云肩的绣片形
状而广泛使用。《元史·舆服志》"仪卫服色"中曾有提及云肩的形制："衬
甲，制如云肩，青锦质，缘以白锦，表以毡，裹以白绢。云肩，制如四垂云，
青缘，黄罗五色，嵌金为之。"[1] "四垂云"即四合如意式云肩。（如上图）
　　云肩作为汉民族服饰中一种独特的艺术样式，其造型具有独特的艺术魅
力和规律，主要体现在外轮廓造型简单、内部结构变化多样、技法巧妙、图
案均衡对称、色彩搭配合理、绣工精美的特点上，反映了中国传统文化观念
和审美追求。云肩按照层次结构主要分为一片式、层叠式、连缀式和混搭式
四种。一片式云肩以"四合如意式"对称造型居多，将整块布的四个角裁切

[1]（明）宋濂等撰：《元史》，中华书局，
1976，第 1940 页。

如意柳叶式打籽绣花卉瓜果纹云肩

成如意云头形制，由四面"如意形"的条状云头前后对合而成，其中一个如意云头为两个对称的半片，作为穿戴之时的开口系扎处。四合如意式云肩自元代就被正式列为官服制度，男女均可使用，其形制象征天下四方祥和如意。除四合如意式外，一片式云肩还有单层披挂式、单片圆形及其他造型结构，有的还饰有网结垂穗。层叠式云肩，是将多个单片式云肩的如意云头按照一定的次序和规则进行有序地复合、叠压而成的复合式云肩，形成高低有序的变化感和节奏感，比一片式云肩更具有层次感，视觉效果更为强烈。其中最具代表性的为四合如意式层叠式云肩，也有柳叶式层叠式云肩。连缀式云肩也多采用如意云头的基本造型，将完整的如意纹纹样分解开来，使云头纹相互之间留有空隙，以达到在空隙中装饰其他图案的目的。此种云肩在层次上有单圈、双圈、多圈等不同形式。连缀式云肩以颈部为中心一般由云形、如意形等小绣片相互连接组成四组、六组、八组大的绣片，呈现出向外发射状。绣片互相之间通过大小的穿插、长短的对比和色彩的变化，给人带来意想不到的灵动之美。混搭式结构云肩是将如意云纹造型、柳叶造型混搭而成的一种云肩结构形式。最常见的是连缀四合如意式与柳叶式混搭而成的云肩。从整体上看，混搭式云肩层次丰富、造型多样、色彩绚丽，给人一种华丽雅致而充满节奏的和谐感。（如上图）

　　清代中期之后，云肩成为我国社会各阶层女性使用的重要服饰品，其平面形制更为多样，除了传统的四合如意式呈现出的四方轮廓外，还出现了柳叶、花瓣、蝙蝠、圆、葫芦、老虎等平面轮廓形制，均是对大自然中动植物形态的描绘。"四方柳叶式"也是云肩的典型样式，其造型为八条、十六条、十八条等数量不等的柳叶形做放射状构成，象征春色满园，生命常青。无论何种形制的云肩，其结构基本是以领口为中心，以头颈为基点，向前后左右四周做垂悬装饰，前后左右呈对称，前衣身留门襟，领口或立领或圆领，佩戴廓形分为月牙形和 T 字形，平面展开后形制呈现出外圆内方，象征"天圆地方"。云肩通常为四方或八方等不同数量的放射形态，寓意太阳崇拜，并以此来象征四时八节，象征四方如意，含有事事顺心与八方平安祥和之意。从形式美感角度看，云肩在形制上均采用对称与均衡的装饰原则。云肩整体外形取左右或对角线对称形式，前后或左右构图"成双成对"，给人以稳定、平静之感。中国传统服饰一般均为平面裁剪，唯云肩是因人制宜，根据女性体形进行立体式裁制，力求穿在肩头得体而有分寸。云肩在结构造型上遵循"合天人之和"法则，广四片寓意"四气"、广六片寓意"六合"、广八片寓意"八风"；双层云肩寓意"天地之气相呼吸，底层为凤沼，上层为凤池，而双层之间长短不一与宽窄有异，通象尊卑有差"。

　　云肩装饰图案题材十分丰富，除如意云纹外，还包括神话传说、花鸟鱼虫、祥瑞禽兽、戏曲故事、生活场景、山水人物等，这些纹样或单独出现，或与其他形态组合出现，充分展示了"云肩必有饰，有饰必用文，有文必含吉祥意"的装饰特征。以题材为依据进行分类，云肩装饰纹样可主要分为花草植物题材、动物题材、人物题材、几何与器物、文字纹样题材。花草植物题材包括莲花、牡丹、梅花、菊花、石榴、桃、佛手、葫芦、松树、竹等；动物题材包括猫、虎、鹿、蝴蝶、蝙蝠、龙、凤、麒麟等；人物题材主要来源于戏曲故事、神话传说、历史典故，如蝴蝶杯、西厢记、拾玉镯、三娘教子、麒麟送子、刘海戏金蟾等。同时，反映人们男耕女织、夫妻好合、子孙满堂等日常生活场景的纹样也常出现于云肩之上。几何与器物、文字纹样题材如盘长纹、回纹、古钱纹、八卦纹、八宝、暗八仙、福、寿、福如东海、寿比南山等。在实际应用中，云肩装饰纹样常为以上四种形式的组合，以充分表达制作者的内心意念与生活情感，如连生贵子、凤戏牡丹、松鼠葡萄、喜鹊登梅、福在眼前、福寿双全、狮子滚绣球、福禄寿三多等。云肩发展至清中后期，其造型及图案装饰所反映的民族精神文化特征与审美内涵意义日益凸显。

"色彩是民族服饰的构成要素之一，它用象征方式表达着民族的深层文化心理，从而成为一种象征符号。作为象征符号的色彩，有其自身的内涵与外延、本质与特点、结构与功能、变异与发展。"①"色彩文化，是民族文化中最突出醒目的部分。"②可见，色彩是中国传统民族服饰视觉情感语义传达的重要元素。云肩的色彩运用也是民族文化观念与服饰审美心理的沉淀。我国各朝各代对服饰色彩都非常重视。自秦汉以降每次政权更迭必"改正朔""易服色"。云肩的色彩构成遵循传统五行五色学说，用色多以五色为主，以五色配五行五方。"五色"由青、赤、黄、白、玄组成，象征世间万物皆由"五行"（金、木、水、火、土）生成，为正色。云肩的"五色"必须与外衣礼服的"五色"和谐搭配，表里一致，上下和谐，使其合乎礼制审美需求。李渔在《闲情偶寄》中曰："但须与衣同色，近观则有，远视则无，斯为得体。即使难于一色，亦须不甚相悬，若衣色极深，而云肩极浅；或衣色极浅，而云肩极深，则定身首判然，虽曰相连，实同异处，此最不相宜之事也。予又谓云肩之色，不惟与衣相同，更须里外合一，如外色是青则夹里之色亦当用青，外色是蓝则夹里之色亦当用蓝。何也？此物在肩，不能时时服帖，稍遇风飘，则夹里向外，有如飓吹残叶，风卷败荷，美人之身不能现零乱萧条之象矣。若使里外一色，则任其整齐颠倒，总是无患。然家常则已，出外见人，必须暗定以线，勿使与服相离，盖动而色纯，总不如不动之为愈也。"③除"五色"外，云肩也多用红、黄、蓝三原色及间色，如绿色、橙色等。红、黄、蓝三原色饱和鲜亮，体现了中国传统色彩以艳丽为美的特点。三原色加黑白两极色构成的五方正色，奠定了中国传统服饰艳丽的基本色调。中国历史上几乎每个朝代都以一种原色作为主色，如"殷尚白，周尚赤"等。"五色"在民间传统文化观念中各有指意，也呈现出不同审美情趣。红色为喜庆、成功、祥瑞的象征，有辟邪禳灾、求吉纳祥的表意；青色是深绿色、浅蓝色、靛蓝色等冷色调的统称。五行中青与木相对，为木叶萌发之色，象征萌动与生长。白或称素，有虚静空无之义，亦表纯洁，"明心之洁净"。玄为黑色，是深渊无垠之色。"黄，中央土之正色"，黄色通常为皇家专用，百姓严禁使用，然而在民间服饰品中依然多见黄色，只是需要在色相及使用面积上要有所区别。如清制规定："明黄是帝王专用色，贵族只能用深黄色（金黄），稍带红色的杏黄则不禁，民间也可用。"我们可以看到云肩的色彩配色大胆，以五色为主，以间色为辅，

①潘定红：《民族服饰色彩的象征》，《民族艺术研究》2002年第2期。

②梁一儒：《民族审美心理学概论》，青海人民出版社，1994，第193页。

③（清）李渔：《李渔全集·闲情偶寄》，浙江古籍出版社，1992，第135～136页。

如意云形式三蓝绣蓝色花鸟纹云肩

常使用对比色而形成强烈的视觉效果与装饰感，可谓"俗"。云肩又将黑与黄、白与青、黄与赤、赤与玄等正色对比使用，符合传统五行五色之雅，显得女性肩领部更为含蓄而雅致。

云肩制作工艺复杂，工序繁复，常用绣、镶、绲、嵌、贴、补、钉、绘等多种工艺。其中缘饰和刺绣是云肩制作中最为重要的装饰环节。缘饰工艺指对服装领围、袖口、底摆、侧缝等边缘处的处理工艺，以加强服饰牢度为目的。清中后期，人们看重服饰边缘装饰的审美意义远大于缘饰的实用性，花边越来越多，衣缘越来越宽，从三镶三绲、五镶五绲甚至到"十八镶绲"，边缘装饰极尽奢靡。云肩多以云纹收边，边缘曲折流畅，内部结构繁复，其多变的结构造型通过层层叠叠的花边缘饰覆盖，可形成秩序美感，加之花边图案与色彩的润色，使缘饰与云肩主体相得益彰，同时缘饰也起到了突出图案轮廓的效果。云肩缘饰工艺最常见的是贴缝、绲边、镶边三种，同时还有锁缝、盘金、亮片装饰等特色工艺。缘饰用色大致可分三种：一是使用黑色、金色、银色、米色、灰色、藏蓝、深红等纯色布帛；二是使用二方连续图案的成品花边，色彩倾向于不饱和的灰色；三是镶嵌丝线多用明度与亮度较高的珠光色。云肩缘饰的用色非常重要，用色恰当可缓和不同绣片色彩间的对比，起到调和色彩、统一整体的作用。云肩绣制常用的针法有平针绣、打籽绣、套针绣、盘金绣、贴（堆）补绣、锁绣和画绣等，针法不同，绣制的图案纹饰则呈现出不同的艺术效果。（如上图）

四合如意式打籽三蓝绣鲤鱼跳龙门纹云肩

云肩造型丰富，装饰精美，色彩绚丽，作为我国汉民族女性重要的礼服配饰，蕴含了我国古代服饰制度的礼制之美，彰显了女性华丽典雅纤细之美，也是古代社会身份与地位的象征。它既在艺术形态上充满浓情重彩，又在文化内蕴上极富寄情寓意，传递中国服饰文化天人合一、求吉纳祥的价值理念。《洛阳市志·民俗卷》记载："旧时，新娘上轿时不论春夏秋冬，须头戴凤冠，身穿新郎送来的大红吉服，吉服为絮有棉花的大红色棉衣棉裤，取荣华富贵之意。吉服外罩霞帔，洛宁、伊川等地多是云肩。这些云肩为大红底，用绿紫等颜色的纹样间色。云肩有整片、4片、7片、16片之分，上绣'和合'二仙、暗八仙或牡丹、石榴等吉祥纹样。也有绣'状元拜塔'、'姑嫂烧香'、'三娘教子'等故事图案，表达敬老、求子、教子的传统观念。"[1]（如上图）

清代，帝王全面废除了中国古代汉族服饰传承了上千年的宽衣博袖式，推行满族游牧骑猎特色的紧身窄袖式服装，给汉族传统服饰带来巨大的冲击和变易。清末民国，我国社会的政治、经济亦发生了巨大变化，西服东渐，西式服装成为时代主流，传统服饰更加日益凋敝，云肩也在日常生活中逐渐消逝，只保留为传统戏曲中的女性服饰造型。汉族服饰是中华传统文化的重要组成部分，承载了中国上千年的历史发展与文明进程。在当代社会经济创新、文化繁荣之际，重视与挖掘传统汉族服饰所蕴含的民族文化内涵、民族精神与审美情趣，继承发扬传统服饰文化中的礼乐之制，融合现代设计思维创意创新，定能走出一条中国独具民族特色的服装道路，让汉民族传统服饰之美重新绽放。

①洛阳市地方史志编纂委员会编：《洛阳市志》第十七卷，中州古籍出版社，1998，第183页。

图
说

四合如意式

四合如意式平针打籽绣花卉瓜果盘长纹云肩

①徐海荣主编：《中国服饰大典》，华夏出版社，2000，第1～2页。

②沈从文：《中国古代服饰研究》，商务印书馆，2011，第696页。

③（汉）董仲舒：《春秋繁露》，上海古籍出版社，1986，第65页。

四合如意式云肩是云肩最为常见的形制，《中国服饰大典》记载："汉族服饰，古代源自北方少数民族的肩饰……饰在背前后左右四周……有的还饰以坠线，故称'云肩'。元代成为官定服饰……元以前云肩都是四合如意式。"[①]沈从文先生也在《中国古代服饰研究》中写道："元代贵族男女通用四合如意式大云肩，较早见于隋代敦煌画观音身上，唐代惟敦煌吐蕃贵族妇女使用，唐末五代则王建墓石刻乐舞技和南唐舞俑肩上也可发现。汉代以来在漆铜、陶砖、丝绸上都使用到的四合如意式，元代则成为官服定式，贵族男女均使用，只孙宴特种官服更不可少……"[②]

此云肩为四合如意式云肩。四合如意式云肩的造型几乎成一个正方形，代表天下四方祥和如意。云肩四角为如意云头样式，分别代表东、南、西、北四个空间方位。古人认为空间宇宙是规范而有序的，天地相互对称，由四个方位和一个中心点构成。四个方位分别有着各自不同的星象，星象与四季相互连接，万物之间互相包容，和合共生。董仲舒曾在《春秋繁露》云："天有四时，王有四政……如春夏秋冬不可不备也。"[③]

尺寸 /

直径 660 mm

材质 /

绸、布、丝线、棉线

地域 /

山东

　　人被孕育在宇宙空间中，与宇宙天地同构。古人按照宇宙、社会、人一体同构来分析现象世界，形成一个整齐有序的秩序。在这一秩序中，古人逐渐确立并完善着自己的行为规范，并以一定的形式和原则去约束和体现。另外，四合如意式云肩在穿戴时，四角的如意云头也会因人体结构，自然搭落在人体四周。以脖颈为制高点，云肩整体结构呈"X"旋转式放射形。四个云头与中部镂空的八个圆点相互成映，这也与传统造物中四方四合、八方如意的理念不谋而合。因此，"四合"不仅象征着仪制规范有序，还代表了中国古代"天人合一"的衣着文化观。

黑色作为中国古代传统五色之一，是由最亮的颜色过渡到最暗色层的边缘色。黑色在古代并不叫黑色，而是称为玄色。最初关于黑色的释义是认为黑色是被火熏出来的颜色，并将黑色喻为天色。在古代，人们对待黑色的态度十分矛盾。《左传·昭公十五年》："吾见赤黑之祲，非祭祥也，丧氛也。"[①]但在《诗经》中，黑色则是一种吉祥色彩。黑色被运用在云肩中，常常是绣片底色。黑色常与红色搭配在一起，黑色相对沉稳，红色相对跳跃。四合如意式平针打籽绣花卉瓜果盘长纹云肩底色为黑，配色则以红色系为主，别具一格。除此之外，根据云肩的配色也可推断出它的佩戴者年龄，四合如意式平针打籽绣花卉瓜果盘长纹云肩的佩戴者应为中老年妇女。

①（春秋）左丘明撰，蒋冀骋标点：《左传》，岳麓书社，1988，第317页。

四合如意式平针绣花草动物纹云肩

云肩形制在轮廓造型与内部结构设计中都非常讲究。其内部结构变化多样，层次丰富，如按照层次结构分类，则可分为单片式云肩、层叠式云肩、连缀式云肩、混合式云肩四大类。单片式云肩讲究四方四合，绣片为一整片，云头多为四组。单片式云肩是云肩中最为简单的形制，它通常以云头作为整片云肩表现的重点。四合如意式平针绣花草动物纹云肩在形制上为单片式云肩，每一个云头有五处转折，每一处转折均为行云流水般的曲线，极具韵律之美。

以白色系为主体的云肩较为常见，尤其是在秦陇地区、三晋地区。白色，在中国传统社会中常被认为是不吉利的象征，往往只有在举办丧事的时候才会选用白色。以白色调为主体的云肩，摒弃了中国古代社会中对于白色固有的看法。就视觉效果上，它既不庸俗也不奢华，给人一种清新雅致之感。纹样图案纯朴、构图简洁是山西等地区云肩的基本特征。纹样一般采用淡雅的颜色面料，以丝绸为主，主要是大户人家所穿戴。

尺寸 /

直径 590 mm

材质 /

绸、布、丝线

地域 /

山西

　　云肩的装饰纹样种类繁多，其中动植物类纹样占据云肩装饰图案较大的一部分。孔雀是一种非常美丽的鸟，也被视为祥瑞之鸟。孔雀在开屏时极为耀眼，宛如繁花盛开。人们也视孔雀开屏为吉祥的征兆。因此，在云肩上以孔雀作为元素绣制纹样也代表着人们对于生活的美好期盼。

　　鸟类是动物纹饰中出现频率较多的种类，其背后蕴含着人们对未来的期望。古人认为喜鹊是吉祥鸟之一，凡是喜鹊出现的地方皆能带来喜事。喜上眉梢是常见的吉祥纹样，"梅"谐音"眉"，喜鹊登上梅树枝头，寓意着好事即将来临。

四合如意式平针打籽绣花卉蝴蝶鱼人物纹云肩

　　云在中国传统文化中作为"天象万物"的代表，是人们崇尚美的自然反应。古人认为云本身极具流动性，《说文解字》载："云，山川气也。从雨，云象云回转形。凡云之属皆从云。"[①] 除此之外，"云"与"运"同音，具有吉祥好运之意。古人也常将云纹运用到中国传统装饰图案中。就艺术特征而言，云纹颇为抽象化，通常以涡形曲线按照一定的组合方式构成。如意云纹是由如意纹和云纹二者有机结合而成，但它又结合了卷草纹的相关特点。如意云纹的经典样式，一般是由两个对称的勾窝状云纹和波形曲线连接而成。如意云纹左右对称，上下左右皆可互逆互旋，平中带曲，通过抽象处理的方式，最终形成一种收放自如的形式美感。

　　四合如意式云肩是以如意云纹作为四合如意云肩的最初形制，以如意云纹为基本元素进行塑造，从四面看都是对称的如意云纹造型。此云肩如意云纹的造型形似蝙蝠状，"蝠"谐音"福"，寓意着福气满满。这种蝙蝠状的如意云纹也可以被看作图腾崇拜，"S"形的波状曲线连绵起伏，极具生动性。

① （汉）许慎撰，（宋）徐铉校订：《说文解字》（影印本），中华书局，1963，第242页。

尺寸 /

直径 700 mm

材质 /

绸缎、丝线

地域 /

山东

　　打籽绣是一种古老而又传统的刺绣方法。它作为点绣的典型代表之一，又名"打子""玉绣""芥子绣"，民间常称这种绣法叫作打疙瘩。其绣法是将针穿引出布面后，用针芒在近布面的部分绕线一周，形成环状并固定住。值得注意的是，每个"籽"都要排列均匀，整体上排列细密，不能以露出底子为宜。打籽绣的特点是针法颗粒感较为分明，所绣形象极具立体感。

　　花卉是云肩常见的装饰纹饰之一。大多数的花卉纹样都以组合的形式出现，运用到云肩时，一种是直接对花卉植物进行写实处理，能够令人一眼就认出其特征；另一种则是经过夸张等方式进行处理，使人不能一眼识别出其种类。花卉纹样以莲花、牡丹、兰花、菊花等最为常见。

云肩由不同的垂云组合而成。每片云肩之间会装饰一些物品将其串联起来，常见的装饰物品有珠子、吊穗、铆钉、网结等。选用珠子连接每片云肩，连接时需要对准绣片的空隙

处或是勾纹处，空隙处的珠子一般为
3～4颗，每片云肩都是如此，最后
只留下颈部一处不连。运用珠子相连
接的方式恰巧符合了中国传统文化中
珠联璧合之意，寓意着将美好的人与
物串联、结合在一起。

四合如意式三蓝绣蓝色花鸟纹云肩

　　在中国传统文化中，"对称"二字占据着十分重要的地位。对称式构图是根据平面构成的原理，运用在云肩中可分为完全对称式构图、相对对称式构图两种。完全对称式构图是以中轴线为中心，线两边的绣片无论是外观造型还是图案纹样都是完全相同的；相对对称式构图同样是以中轴线为中心，但只有在外观造型或是图案纹样中有一方面是完全对称的，另一方面可能会存在一些差别。四合如意式三蓝绣蓝色花鸟纹云肩就属于相对对称式构图，在外观造型及图案上是一个正方形，四面如意垂云对合而成，采用花卉、鸟等图案内容沿中轴线形成均衡式构图。

　　此云肩色彩选用的是蓝色渐变，线的过渡变化极为细腻。此外，四合如意式三蓝绣蓝色花鸟纹云肩采用的绣制针法为三蓝绣。三蓝绣又被称为全三蓝，采用多种色相相同，但色度不同的蓝色绣线，按照一定层次比例搭配，绣成颜色深浅变化的纹样。[①] 最初三蓝绣是苏绣的配色技法之一，并在清代达到了巅峰。除此之外，三蓝平针绣是较为常见的针法之一。与普通平针绣针法的绣制手法相同，只是绣线的部分稍作变动，改用三蓝线绣制。

①韩圆圆:《三蓝绣浅析》,《山东纺织经济》2013 年第 11 期。

尺寸 /
直径 440 mm
材质 /
绸缎、丝线
地域 /
山东

　　花鸟纹是云肩中广泛应用的一种装饰纹样，它常与禽鸟纹自由组合，灵活变通，造型丰富，构图精美，工艺精致，寓意吉祥，色彩协调，是云肩中具有典型特色的代表纹样。

四合如意式平针绣人物花卉动物纹云肩

　　色彩在服饰史中占据着重要地位。中国传统社会对于服饰的配色也极为重视。云肩作为传统衣饰的一种，其配色严格遵循了"五行五色"的传统观念，传统的色彩观念是以"五德相生"为依据，即五色都会对应着五行。传统色彩观念中的五色是指白、青、玄、赤、黄，每一种颜色都被赋予了象征意义。例如，赤色即红色，民间将大红色称为正红色，粉色、玫红色等被称为二红。一般而言，赤色只有男子正室或一些重大节日时才可佩戴，其往往代表祥瑞吉祥之意。四合如意式平针绣人物花卉动物纹云肩配色大胆，通体颜色共分为四种，由外至内颜色分别为正红色、粉色、浅绿色以及紫红色，对比较为强烈。除此之外，此云肩的配色采取碎中求整的方式，正红色亮而突出，二红搭配浅绿色，最后由紫红色作为重色进行点缀。总体而言，整体配色和谐统一，简洁明了，用色大胆鲜明，极具个性，具有较为明显的山东民间地域特征。

尺寸 /

直径 810 mm

材质 /

绸、布、丝线

地域 /

山东

①梁惠娥、邢乐：《中国最美云肩——
情思回味之文化》，河南文艺出版社，
2013，第123～124页。

　　暗八仙是云肩常见的装饰纹样之一，又称"道家八宝"，是八仙
过海中八位神仙持有并能代表其身份的法器。八仙是道教传说中的八
位神仙，即铁拐李、汉钟离、张果老、蓝采和、吕洞宾、何仙姑、韩湘子、
曹国舅。[①]由于以法器代指八仙，故又名暗八仙。这八种法器分别是：
葫芦、团扇、渔鼓、宝剑、莲花、花篮、横笛和阴阳板。它们通常作
为传统吉祥纹样被装饰在物品上，代表着吉祥祥瑞之兆，也承载着老
百姓对于美好生活的向往。

连生贵子是我国常见的传统吉祥图案。"莲"谐音"连"，莲花作为一种植物，结有莲蓬，莲蓬多籽，寓意多子多福。其次，莲花枝叶扶疏，盘根交错，寓意繁荣昌盛。在宗教信仰方面，莲花是佛教的标志之一，莲花出淤泥而不染，象征着一个人的高洁品格。

四合如意式平针绣人物花卉动物纹云肩

　　"色彩具有非常强烈的表情属性和情感属性，它不仅能使一个人形成独特的色彩审美观……同样，色彩也能够在长期的历史活动中影响并决定某个民族的色彩审美观和属于本民族所特有的性格特征和精神气质。"[1]山西作为秦陇地区的典型代表，受到气候、环境等地理条件的影响，其色彩审美观念也别具一格，极具地方特色。一般情况下，成人云肩的直径为 60 ～ 90 厘米，但秦陇地区的云肩更为小巧精致，配色上也更为典雅，例如四合如意式平针绣人物花卉动物纹云肩的直径只有 53 厘米，比一般成人云肩的直径要小。秦陇地区的云肩底色一般为白、绿、紫、黑四种颜色，无论四种颜色中哪一种色彩为主体，配色方式都会运用五色点缀这一方法。除此之外，山西地区的云肩还具有两大特点：第一，它往往会选用白色或是其他浅色面料作为底色，并在上面施以淡雅的颜色进行搭配，在视觉效果上更具端庄典雅之感；第二，若是以较为明亮或是暗沉的颜色作为底色，如红色、黑色，那么它进行绣制的绣线一定是较素雅的颜色。

①伊尔、赵荣璋：《色彩与民族审美习惯》，《民俗研究》1990 年第 4 期。

尺寸 /

直径 530 mm

材质 /

绸缎、丝线

地域 /

山西

四合如意式平针绣戏曲故事纹云肩

　　四合如意式云肩轮廓简洁，造型结构变化多样。四合如意式平针绣戏曲故事纹云肩由内而外由一整片绣片构成，在穿戴时开叉处放置于后背，符合人体结构特征。此云肩呈故事情节散点式构图，人物故事以散点的形式分布在底片上。每个绣片饰以连续性的戏曲人物，场景皆迎合故事的走向，彼此之间既相互呼应又互不干扰。

　　绲领，顾名思义就是给云肩制作领子，它是云肩制作的最后一道工序。此工序常用于带领子的云肩。它的基本做法是剪裁出立领的外面和里子，使得两端成为一个弧形，以此来符合人体颈部的构造。领里按照领子净样的大小粘衬，将领里与领面相对缝制，最后在领部拐弯处进行剪裁和缝制，全部完成后，熨烫至平整定型，再将领子与云肩的其他部位进行缝合。

尺寸 /
直径 1100 mm
材质 /
绸、布、丝线
地域 /
山西

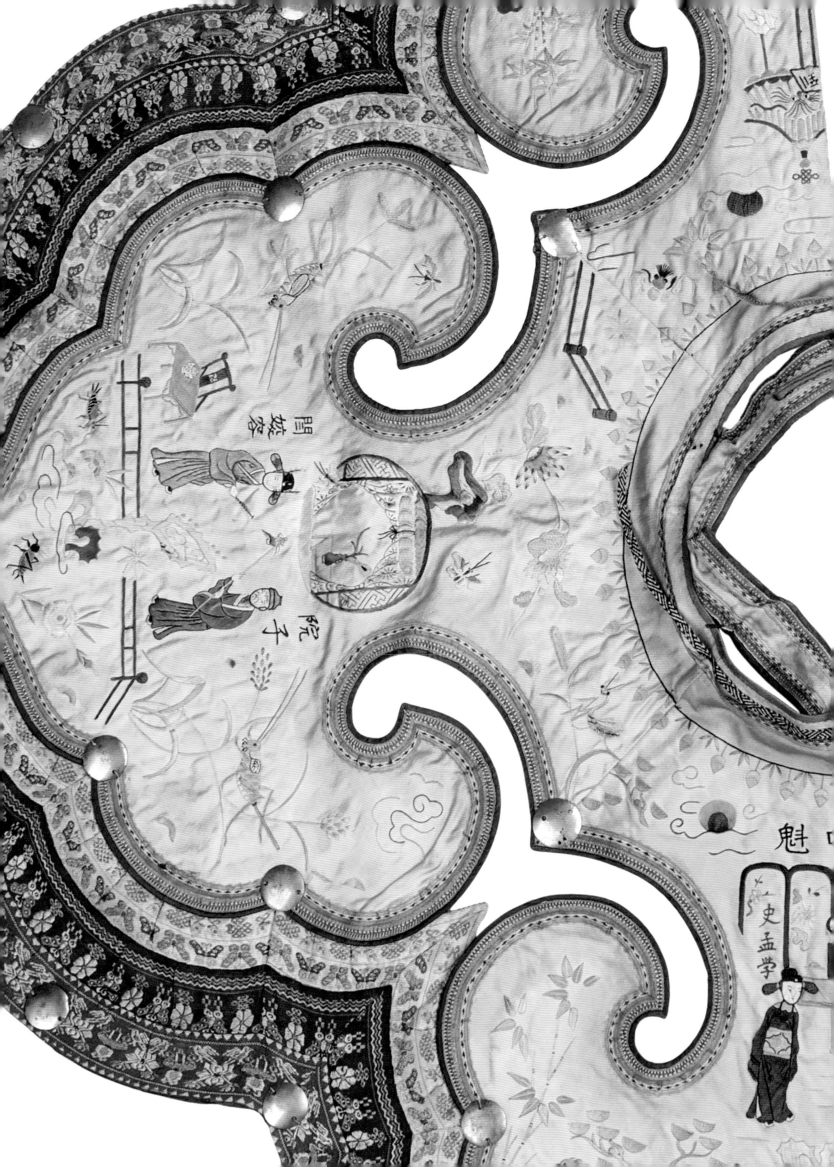

　　《女中魁》是著名的豫剧曲段，又名《盗佛手橘》。它作为戏曲故事纹样被运用到云肩中，以达到教化世人的目的。该戏曲故事讲述宋将周卜的女儿凤娘仰慕边关元帅杨聂之子杨彦宇。一日，杨彦宇买了花后，将折扇遗于花盆中，花盆后被卖进周府。凤娘得扇见诗，并在扇子上赋诗一首。后来，她女扮男装，以送扇为名，至满红飞酒楼与杨彦宇相会。与此同时，凤娘假托代替妹妹许婚杨彦宇。后来两人在太伯庙会游玩时，杨彦宇因路见不平失手打死了由北国暗探假扮的杨马客十八名。杨彦宇因触犯律法，杨聂欲将儿子问斩。凤娘女扮男装劫法场将杨彦宇救下。后来凤娘与杨彦宇在周府成婚。时周卜赴北国盗佛手橘被困。凤娘、杨彦宇随军北征，救出周卜，成功盗得佛手橘，并擒藩王而返，立下大功。

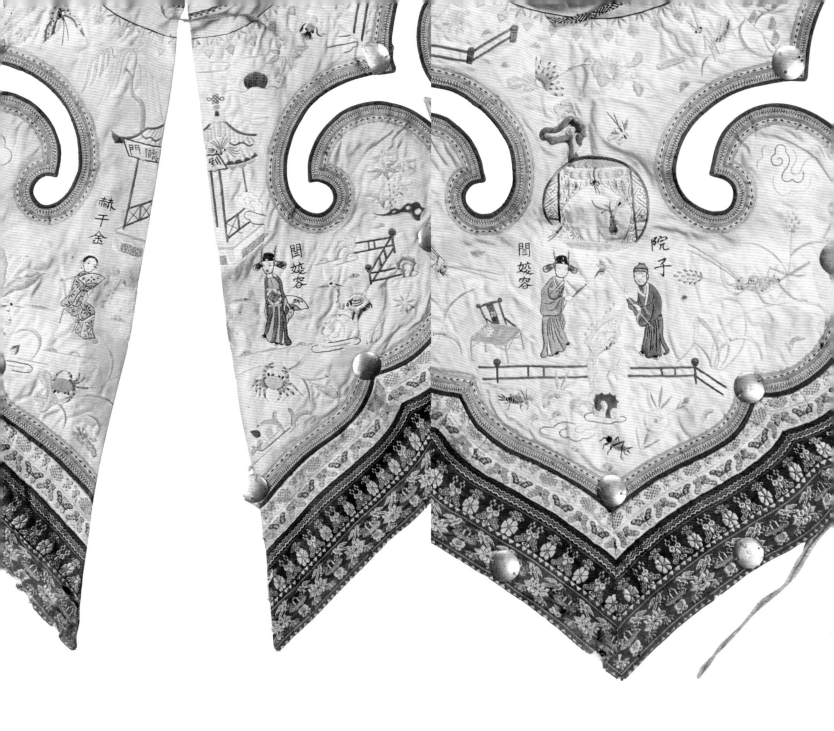

四合如意式平针绣花草人物故事纹云肩

  四合如意式平针绣花草人物故事纹云肩是一件单片式云肩。此云肩造型简洁，米白色绣片上施以绿色花卉、蓝色人物刺绣。云肩中部则绣制了四色简化如意云纹，多种色彩放置在一起，突出主体色调，形制上虽不繁华，但此云肩的边缘装饰做得非常精美。

尺寸 /

直径 550 mm

材质 /

绸、布、丝线

地域 /

山西

中国古代民间服饰所采用的布料较轻薄，因此在易磨损的部位常常会采用包边的方式来增加衣饰的耐磨程度。云肩作为传统衣饰之一，也常采用包边等方式来提高云肩的耐磨损程度。所谓包边即绲边。章炳麟在《新方言·释器》里说："凡织带皆可以为衣服缘边，故今称缘边曰绲边，俗误书作'滚'。"[1]其大体的制作工艺为，在云肩边缘处取一布条、织带或是绣有纹样的花边，紧贴云肩边缘，用包缝的形式进行缝制。

①卢翰明编辑：《学佛雅集·古代衣冠辞典》，常春树书坊，1980，第339页。

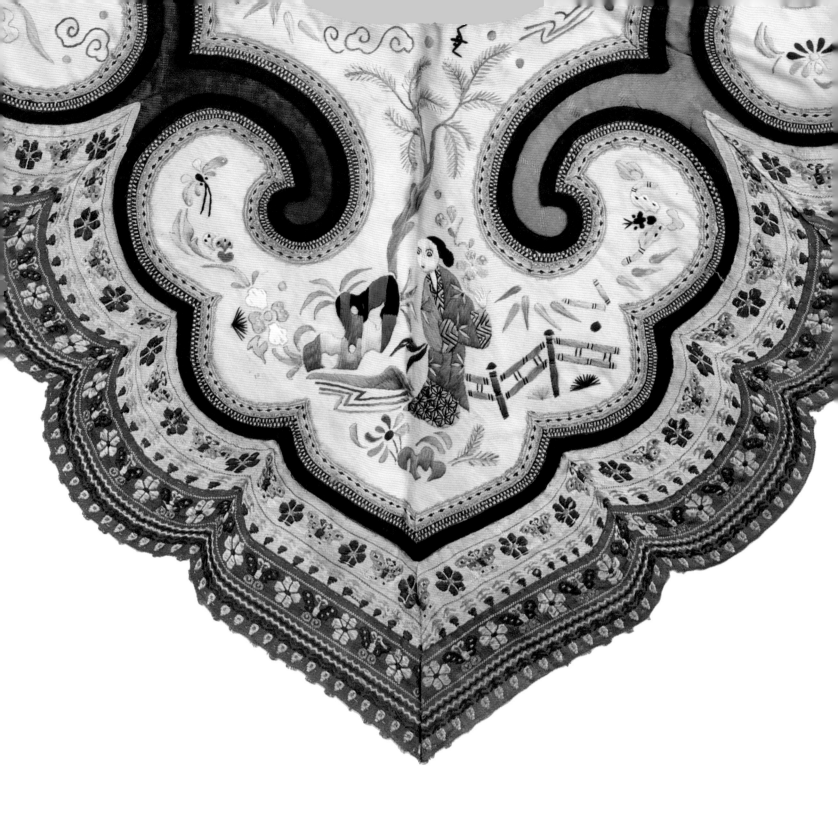

　　一片式四合如意式云肩在其构图中将图案的大小、主次、色彩的明暗逐一区分，着重突出主体纹样。四合如意式平针绣花草人物故事纹云肩中人物故事的纹样所采用的颜色非常淡雅素净，而中间的四个简化如意云纹色彩较为明亮突出，这样做不仅增强了云肩的空间感，还使得云肩层次更加丰富。

四合如意式平针绣花草人物寿纹云肩

　　层叠式结构云肩是指按照一定规律和比例进行叠加的形制。在视觉效果上，它极具层次感。每一层四合如意式云肩角角相对，按照大小之分进行排列组合，错落有致，空间感与云肩形制结构上均衡协调。一般情况下，层叠式云肩所叠加的层数由二层、四层不等。每一层所叠加的绣片都被赋予了吉祥寓意，如二层四合如意式叠加云肩便有八个如意云头，而这八个如意云头则代表着八方祥和之意。四合如意式平针绣花草人物寿纹云肩便是一件典型的二层四合如意式叠加云肩。

尺寸 /

直径 770 mm

材质 /

绸、布、丝线

地域 /

山西

　　黄色在中国具有极高
的历史地位。按照阴阳五行
五色之说，与黄色相匹配的
方位是正中央，因此，黄色
也代表了封建皇权。黄色象
征着富贵吉祥和蓬勃的生命
力。古人认为黄色是中和之
色，符合儒家一直倡导的中
庸思想。许慎也曾在《说文
解字》中写道："黄，地之
色也。从田从炗，炗亦声。炗，
古文光。凡黄之属皆从黄。"①
由此，将黄色运用进云肩制
作中寓意着大吉大利。

① （汉）许慎撰，（宋）徐铉校订：《说文解字》（影印本），中华书局，1963，第290～291页。

　　云肩上的装饰纹样一般都具有吉祥寓意，它们通常由植物、家禽、走兽、鸟类、花卉等组成，每一种纹样的背后都具有中国传统文化内涵。捷报富贵是中国传统装饰纹样之一，"蝶"谐音"捷"，图案内容由蝴蝶和牡丹组成，蝴蝶游戏于牡丹之上，自由自在，寓意着好事即将来临。

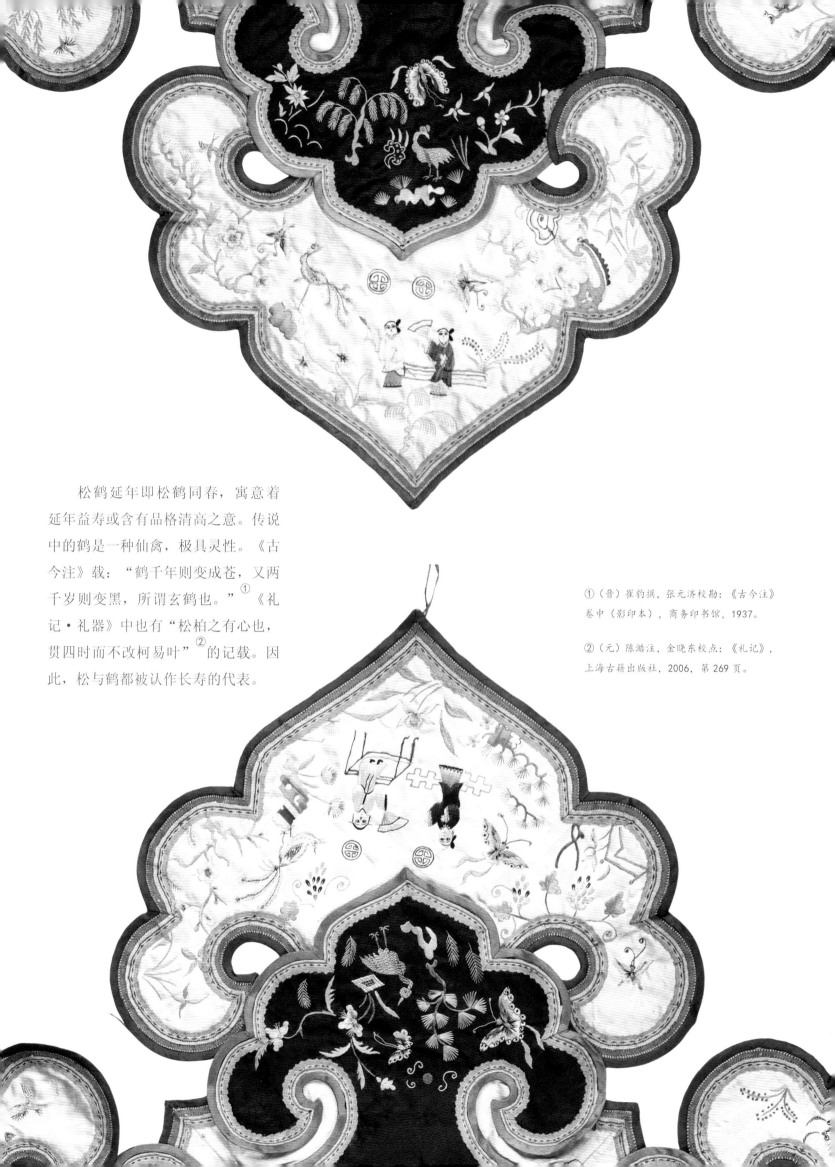

松鹤延年即松鹤同春，寓意着延年益寿或含有品格清高之意。传说中的鹤是一种仙禽，极具灵性。《古今注》载："鹤千年则变成苍，又两千岁则变黑，所谓玄鹤也。"[1]《礼记·礼器》中也有"松柏之有心也，贯四时而不改柯易叶"[2]的记载。因此，松与鹤都被认作长寿的代表。

[1]（晋）崔豹撰，张元济校勘：《古今注》卷中（影印本），商务印书馆，1937。

[2]（元）陈澔注，金晓东校点：《礼记》，上海古籍出版社，2006，第269页。

四合如意式打籽三蓝绣鲤鱼跳龙门纹云肩

　　橙色在古代也可被看作赤色。四合如意式打籽三蓝绣鲤鱼跳龙门纹云肩就是一件以橙色为底的云肩。此云肩造型简洁，赤色为底的绣片上绣有蓝色的装饰纹样，再加上黑色的包边，使得整片云肩在显得火热浓烈之余又不失稳重。

尺寸 /

直径 750 mm

材质 /

绸、布、丝线

地域 /

山西

　　民间传说故事题材是云肩常见的装饰纹样题材之一。该类题材中鲤鱼跳龙门，是一个民间传说故事。相传，只要鲤鱼跃过龙门便会化身成为一条龙。后来，人们便借此比喻逆流而上、飞黄腾达的人。民间也以鲤鱼跳龙门这个故事激励后代，鼓励他们奋发向上。

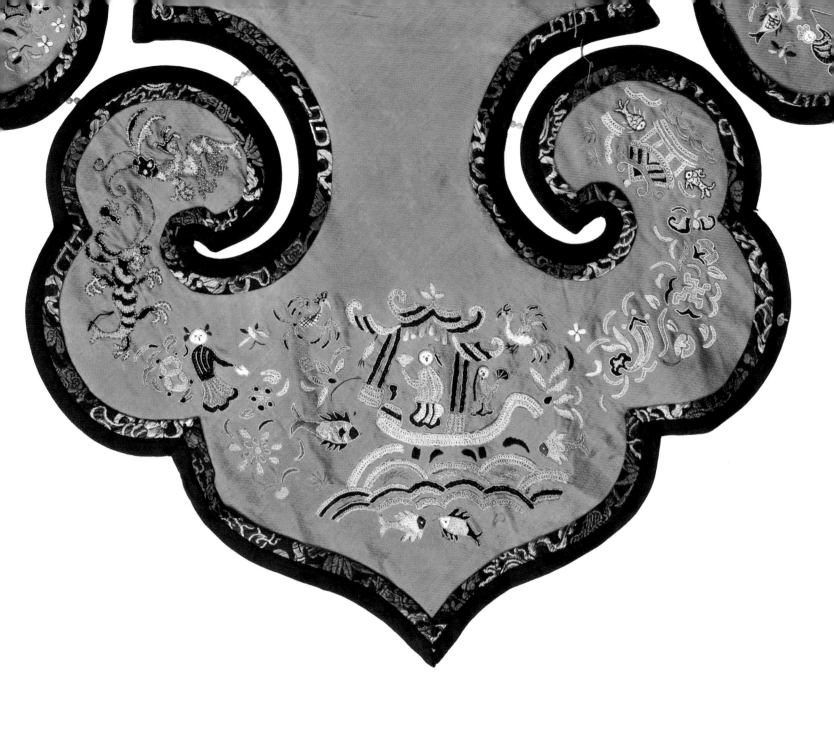

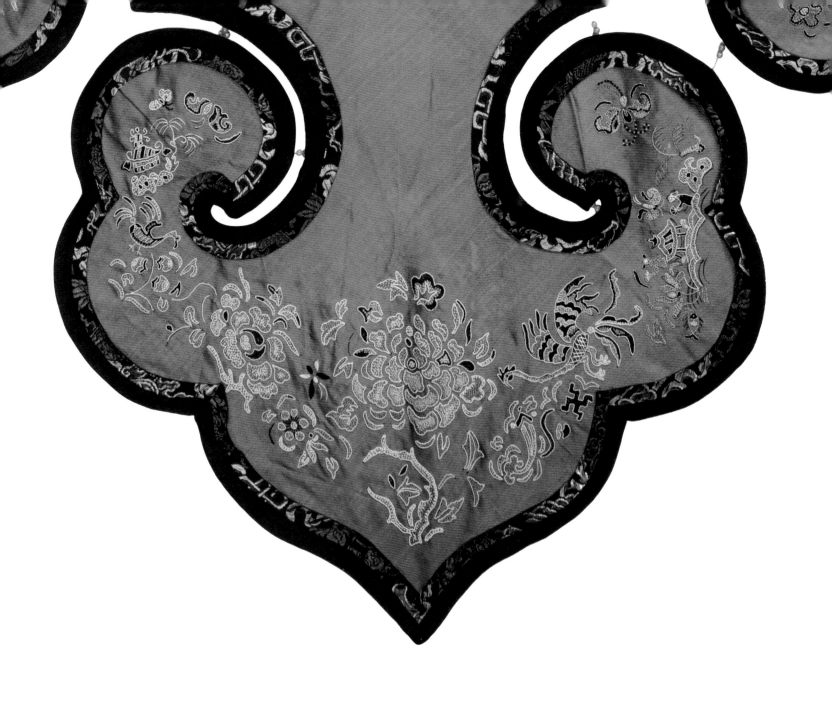

　　凤凰于飞与凤穿牡丹都是关于凤凰的民间传说故事。相传凤凰为百鸟之王，雄为凤，雌为凰，它的形象结合了许多动物的外形特征，如《韩诗外传》中记载："凤象鸿前而鳞后，蛇颈而龟尾，龙文而龟身，燕颔而鸡喙。"[1]因此，凤凰在民间被视为祥瑞的象征。《诗经·大雅·卷阿》亦载："凤凰于飞，翙翙其羽。"[2]凤与凰分别代表夫妻二人。凤凰于飞也具有夫妻和美、相敬如宾的美好寓意。众所周知，牡丹作为百花之魁，寓意富贵吉祥。民间把牡丹与凤凰二者组合在一起，称为凤穿牡丹。凤穿牡丹又名牡丹引凤、凤戏牡丹，寓意着富贵吉祥，生活美好幸福。

①（汉）韩婴撰，许维遹校释：《韩诗外传集释》，中华书局，1980，第 278 页。

②程俊英、蒋见元：《诗经注析》，中华书局，1991，第 835 页。

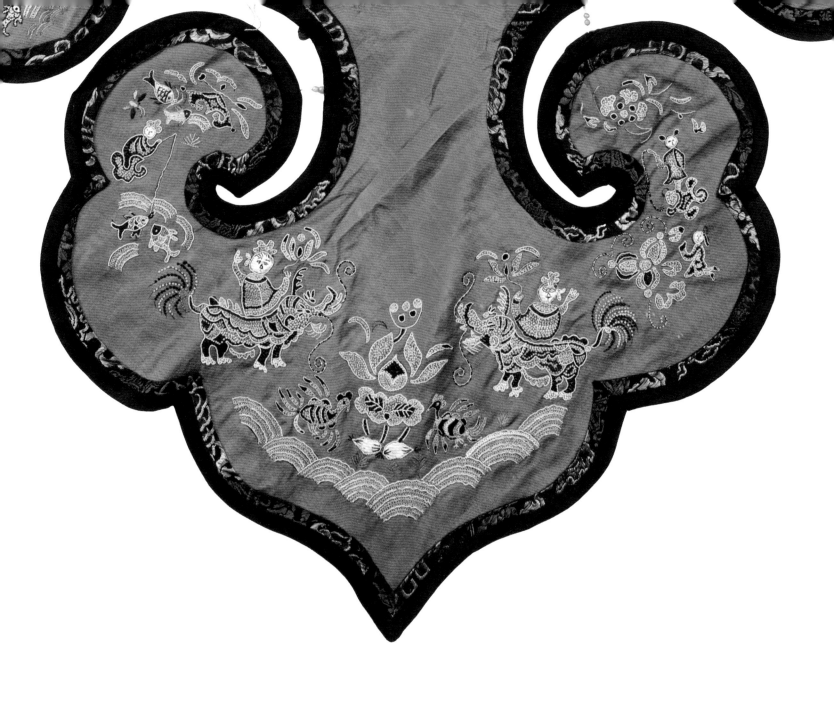

麒麟送子也是耳熟能详的民间传说故事。麒麟送子、莲花与鱼常常作为吉祥图案纹样被组合在一起。麒麟送子代表着多子多福，而莲花与鱼的组合，则代表连年有余。"莲"谐音"连"，"鱼"谐音"余"，因此，连年有余是对生活富裕的美好期待与祝愿。

四合如意式平针绣人物故事纹云肩

四合如意式云肩的主体除一片式方形结构外，还有四方对称的形制。此云肩以红色为底，缘饰则以黑色为主，二层缘饰则绣有回形纹。红色在中国传统文化中占据着极其重要的地位。许多喜庆的场合或是重大节日总是会有红色的出现。如孩子刚出生时，家里需要准备红鸡蛋；婚嫁时，写有男女双方的出生年月被称为红庚。红色不仅有喜庆之意，还有辟邪之意。关于红色具有辟邪之意的说法还应该从"年"的传说说起。相传，有一兽名叫"年"，在正月初一这天会到村子里吃人，村民很是苦恼，后来人们发现"年"很怕红色的东西和鞭炮声，于是到了正月初一这天人们就穿上红色的衣服驱赶"年"。久而久之，红色也就有了辟邪这一功能。

尺寸 /
直径 800 mm
材质 /
绸、布、丝线
地域 /
山东

　　麒麟送子是中国古代用来祈子的常用纹样。传说中麒麟是仁兽，它的出现能给人们带来好运，给新婚夫妇送去子嗣。东汉许慎曾在《说文解字》中形容麒麟有着麋鹿的身体，牛的尾巴，一个角。作为祥瑞之物，麒麟的神话传说故事中蕴藏着百姓对子孙后代繁衍兴盛的美好祝愿。《拾遗记》中便记述了孔子与麒麟之间的故事："夫子未生时，有麟吐玉书于阙里人家……乃以绣绂系麟角，信宿而麟去。"[①] "麒麟送子"的民间传说故事也由此而来。

① （晋）王嘉撰，（南朝·梁）肖绮录，齐治平校注：《拾遗记》，中华书局，1981，第 70 页。

《扼虎救父》，又名《扼虎救亲》，是"二十四孝"中第十九个故事，讲述的是一个孝女的故事，主人公的名字叫作杨香。在杨香 14 岁那年，她与父亲一同去田地里收庄稼，其间突然蹿出一只老虎扑向父亲。年仅 14 岁的杨香一心顾念父亲的安危，没有过多考虑，猛地扑向老虎，死死地扼住老虎的脖子，直至老虎放开父亲并瘫倒在地。这一举动被广为传颂。因此，这个故事也常被当作图案纹样用于云肩中，借此来达到教化世人的目的。

四合如意式打籽绣动物回形纹云肩

至清代，云肩作为女子婚礼吉服的衣饰之一，在中国古代传统婚礼中必不可缺。单就其纹样而言，云肩的纹样一直具有"图必有意，意必吉祥"的特点。因此，云肩作为吉服衣饰，纹样常被绣成龙凤、莲花、芙蓉花、桂花、萱草、木兰花等纹样。这些纹样也代表着祝福新婚夫妻生活幸福、夫妻同心、子孙满堂等吉祥寓意。古代，婚礼被视为一个非常神圣而又庄严的仪式，其程序的复杂程度远超乎常人的想象。通常情况下，古代汉族人的婚礼程序共分为六项，分别是：纳彩、问名、纳吉、纳征、请期、亲迎。[①] 只有这六项程序皆圆满完成才能被认作婚礼仪式的圆满结束。所谓纳彩，即彩礼。男方上门提亲需备彩礼，后询问女方的生辰八字、排行等问题，并为接下来的纳吉做相应的准备。纳吉时通常会采用占卜的方式询问上天婚姻是否和顺。现如今，该程序则演变成订婚仪式。待程序全部完成之后，传统婚礼才会进入到正式阶段。在整个婚礼的程序中，婚服具有重要的地位。四合如意式打籽绣动物回形纹云肩为大红色绸缎底面，上面绣有动物纹与回形纹，边缘由黑色包裹，共四大片如意头式垂云组成，视觉效果上极具喜庆的色彩，是一件典型的婚嫁时所穿戴的云肩。

① 赵长福：《浅论中国传统婚姻》，《广西教育学院学报》2008 年第 5 期。

尺寸 /

直径 810 mm

材质 /

绸、布、丝线、棉线

地域 /

山东

丹凤朝阳是中国传统吉祥图案之一，被广泛运用于年画、木板雕刻、云肩等制作中。它出自《诗经·大雅·卷阿》："凤凰鸣矣，于彼高冈。梧桐生矣，于彼朝阳。"[1] 在民间，丹凤朝阳寓意前途一片光明。

①程俊英、蒋见元：《诗经注析》，中华书局，1991，第835页。

老虎号称百兽之王，相传将老虎的物件摆放在家中可以起到驱邪镇宅的功能。因此，将老虎作为传统纹样绣制在云肩上也能起到辟邪的作用。

此云肩的闭合系统为纽扣式闭合。该闭合系统较一般云肩而言小，由细绳和珠子构成。这件云肩的闭合系统较为隐蔽，若不注意，会误以为是云肩方数的连接。一般来说，云肩的闭合点多位于前颈点和后领窝点两处，只有少量的儿童云肩将闭合点开于侧面肩颈处。

四合如意式平针绣龙凤回形纹云肩

　　色彩民俗具有明显的年龄特征。这一点在云肩衣饰上体现得尤为强烈。一般而言，儿童、青少年会佩戴较为鲜艳的色彩，如红色或是几种色度较高的颜色搭配而成的颜色。但随着年龄的增长，一般人爱好色彩的色相会变得越来越淡雅，例如中老年妇女则喜欢穿戴黑色、深蓝色等色度较低的云肩。除此之外，云肩的佩戴者不仅有女性，还有一部分男性。据考证，元代时男性穿戴云肩也较为普遍。在色彩的选择上，男性与女性肯定也是截然相反的。男性相较女性更加倾向于冷色系、色度较低的颜色。四合如意式平针绣龙凤回形纹云肩是一件典型的单片四合如意式云肩。在制作过程中，此云肩采取的是不完全对称式构图，通体选用黑色。根据它选用的色彩及纹样，可以判断它是一件中老年妇女穿戴的云肩。

尺寸 /

直径 820 mm

材质 /

绸、布、丝线

地域 /

山东

　　龙作为中华民族的象征，具有非常重要的历史地位。在中国传统文化中，龙被视为皇帝或皇权的标志。在民间，龙的出现更是代表了祥瑞之兆。龙这一形象被运用于云肩纹样装饰中，寓意着好运来临。相传龙的外形符合许多动物的特点，《本草纲目·翼》云："龙者鳞虫之长。王符言其形有九似：头似驼，角似鹿，眼似兔，耳似牛，项似蛇，腹似蜃，鳞似鲤，爪似鹰，掌似虎，是也。"[①]龙的形象早已深入每一位中华儿女的心中。

①（明）李时珍：《本草纲目类编》（中药学），辽宁科学技术出版社，2015，第 674 页。

①（晋）郭璞注，（清）毕沅校：《山海经》，
上海古籍出版社，1989，第 15 页。

与龙一同作为传统吉祥纹样出现的往往还有凤凰，凤凰作为百鸟之首，
象征祥瑞之兆。在《山海经》中有着关于凤凰的记载："有鸟焉，其状如鸡，
五采而文，名曰凤皇。"①凤皇即凤凰，它常用来象征祥瑞。

　　除此之外，蝙蝠与回形纹也是常见的吉祥纹样之一。"蝠"谐音"福"，代表着福气满满。中国人在运用蝙蝠的纹样时会将蝙蝠故意夸张变形，使得蝙蝠身形变得盘曲，形象十分可爱。回形纹又称回纹，其主要特点是有横竖短线折绕成形的方形或圆形纹样，形似于汉字"回"，蕴含着富贵不断头的吉祥寓意。

尺寸 /
直径 820 mm
材质 /
绸、布、丝线
地域 /
山西

四合如意式平针绣戏曲故事纹云肩

传世云肩服饰中人物题材纹样较少，大致可分为四大类，分别是：戏曲人物故事、历史人物故事、生活场景、神话传说。其中戏曲人物故事是云肩装饰纹样中不可或缺的元素之一。

云肩作为民间情感传播的载体，是女红艺术的象征。古时女红是女子必修科目之一。明、清、民国初年是云肩盛行的年代。戏曲艺术带有强烈的地方特色，当它作为一个云肩装饰纹样时，所包含的历史故事则起到一个潜移默化的教化作用。四合如意式平针绣戏曲故事纹云肩绣制了四幅戏剧场景，其中《王小二赶脚》是著名的吕剧曲目。在该图案绣制中，人物形象被塑造得极为生动活泼，王小的憨直和二姑娘的动作姿态被刻画得淋漓尽致，由此也能够看出此云肩制作者的良苦用心。

四合如意式平针绣人物花卉动物纹云肩

　　平绣也被称作"细绣"，它包含许多针法，如平针、抢针、套针等。通常情况下，其绣面细致入微，纤毫毕现，富有质感。这种针法的特点是针迹平行，均匀齐整，主要依靠针脚的长短变化构成纹样。此云肩为四合如意式云肩，通体为大红色，外部边缘绣有蓝白相间的花边。

尺寸 /
直径 660 mm
材质 /
绸、布、丝线
地域 /
山东

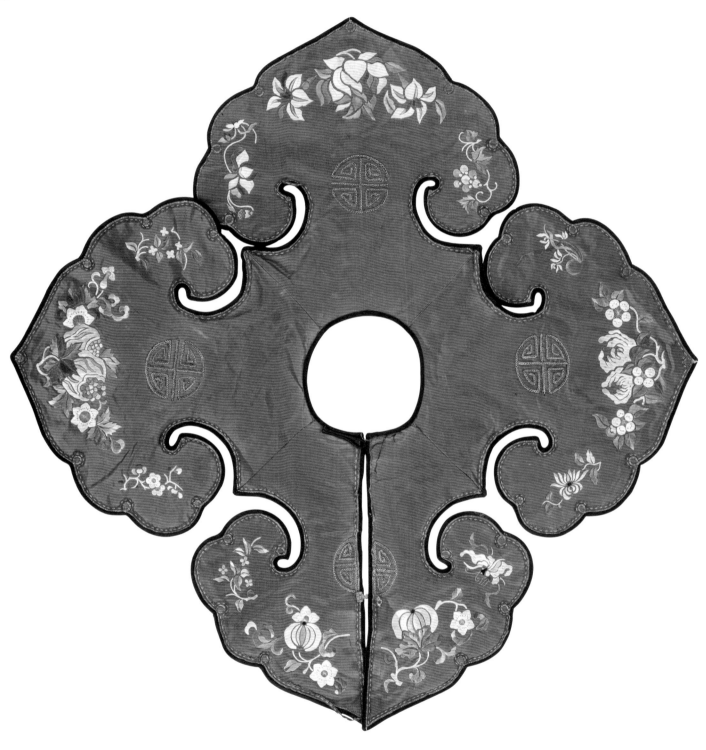

　　植物花卉纹样作为云肩中不可缺少的纹样种类，其背后蕴藏着丰富的吉
祥文化含义。此云肩所绣制的植物花卉纹样共有八种，分别是石榴、南瓜、
百合花、荷花、佛手、梅花、菊花、迎春。每一处绣制的花卉纹样都栩栩如生。
石榴在中国具有多子多福的象征。人们借石榴多籽，来祝愿子孙繁衍，家族
兴旺昌盛。

南瓜是蔓生草本植物，雌雄同株。因南瓜多籽，果肉发甜，藤蔓盘根交错、绵延不绝，民间便认为南瓜具有吉祥寓意，常将其用于传统纹样中。它往往与佛手柑以及各种花卉同时出现，代表着多子多福，寓意生活幸福美满、甜甜蜜蜜。

　　佛手是常用的吉祥寓意图案，"佛"谐音"福"，寓意吉祥福瑞。明代
朱多炡有《咏宗良兄斋头佛手柑》诗曰："春雨空花散，秋霜硕果低。牵枝
出纤素，隔叶卷柔荑。指数像十五，指竖禅师悟，拳开法嗣迷。疑将洒甘露，
似欲揽伽梨。色现黄金界，香分肉麝脐。愿从灵运后，接引证菩提。"[1]

①周卫明编：《中国历代绘画图谱·花鸟
走兽》，上海美术出版社，1996，第423页。

百年好合是中国人在结婚时最常用的祝福语之一。云肩作为中国传统衣饰，讲究绣制图案必有吉祥寓意。因此，百年好合也被运用在云肩装饰图案纹样中。"百合花"即"百"，代表着长久；莲花即荷花，代表着"合"。两种花卉纹样组合在一起时就成为百年好合，寓意着婚姻幸福美满。

　　自古以来，梅花便深受文人墨客的热爱和赞扬。在云肩纹样绣制的过程中，所绣梅花花瓣均为五瓣，与其盛开的模样一致，代表着五福吉祥。因此，在民间，梅花也常被看作传春报喜的象征。

　　菊花被誉为"花中四君子"，是传统图案常见元素之一。菊花经历风霜，又生长在九月，"九"即"久"，意为长长久久。"采菊东篱下，悠然见南山"是陶渊明借菊花来表达自己的高风峻节。屈原也曾在《离骚》中写道："朝饮木兰之坠露兮，夕餐秋菊之落英。"由此可见菊花在文人墨客心目中占据着重要的地位，后人也常借菊花来暗喻品格。

迎春花，别名迎春，是中国常见的花卉之一。它开在早春，花体为黄色，与梅花、水仙花和山茶花并称为"雪中四友"。中国传统吉祥纹样的背后必有其专属的吉祥寓意。迎春花纹样有春回大地、春暖花开、万物复苏之意。

云肩中以文字为元素进行装饰的多数是把文字变形为图案，"寿"字就是其中的典型代表。四合如意式平针绣人物花卉动物纹云肩则把篆书的"寿"字进行夸张变形绣制在云肩上。结合云肩构图原则，"寿"这一变形字体又极具对称美和韵律美，不仅丰富了此云肩图案的层次性，还令图案造型更加多样化。

四合如意式三蓝绣莲花纹云肩

　　四合如意式三蓝绣莲花纹云肩作为一片式云肩在制作过程中强调外观上的平整、精巧等视觉效果，夸大云头的部分，将云头作为主体进行突出。莲花作为云肩的常见纹饰与多子多福的祈愿是相伴相随的，这也体现出民间对生殖文化的崇拜。在传统民间习俗中，祈子行为非常常见，它们往往寄托了一个家庭对于未来生活和子孙后代的美好祝愿。

尺寸 /

直径 600 mm

材质 /

绸、布、丝线

地域 /

山东

四合如意式打籽三蓝绣人物故事纹云肩

四合如意式打籽三蓝绣人物故事纹云肩是典型的一片式单层结构云肩。其外观造型为完全对称式结构，但图案纹样则为相对对称式结构。在外观造型上，由四片简化了的如意云纹的绣片构成，以颈口为中心向外做发射状。绣片底色为赤色，配色多以蓝色、绿色为主，色彩对比强烈，但配色面积相对较小，颜色简洁明了，整体配色和谐统一。

打籽三蓝绣是常见的三蓝绣种类之一。它具有打籽绣和三蓝绣的所有特点。与三蓝绣所用绣线一样，均选用色相相同、色度不同的蓝线进行绣制。同样的，经过打籽三蓝绣绣制而成的云肩纹样，颗粒感分明，由浅入深，色彩之间过渡柔和且均匀，极具层次感和立体感。

尺寸 /

直径 810 mm

材质 /

绸、布、丝线、棉线

地域 /

山西

　　自古以来，牡丹便被誉为"花中之王"。牡丹花硕大而艳丽，极为雍容华贵。在中国传统文化中，富贵便是福，《尚书·洪范》便将富贵列为福气之首。牡丹盛开时繁花似锦、枝繁叶茂，呈现出一派昌盛兴旺的景象。因此，牡丹作为一种吉祥纹样被运用在图案装饰中。

　　除去花卉纹样，云肩中常见的纹样还有"卍"字纹与铜钱纹。"卍"即
"万"，它作为吉祥的标志之一，代表着万福。"卍"字最初由佛教传入，
被认为出现在佛祖释迦牟尼的胸口上，象征永恒。通常情况下，它有左旋和
右旋两种形式。由于"卍"字是佛教的神圣之物，因此在民间，老百姓认为"卍"
字具有祛除邪物、迎来吉祥祥瑞的功能。

　　铜钱纹是由圆形方孔钱演变而来，在传统吉祥纹样装饰中运用极为广泛。圆形方孔钱是指古代人使用的货币，早在战国时期便已出现。秦始皇统一六国后，下令全国改用圆形方孔钱。至此，圆形方孔钱成为国家法定货币。在中国传统文化中，"富"即"福"，钱币作为财富的象征，更被视为祥瑞之兆。

　　麒麟望珠是一种常见的吉祥纹样题材，它是由民间神话传说故事演化而来。麒麟是古代神话传说中的仁兽，雄性为麒，雌性为麟。相传麒麟所到之地不仅风调雨顺、五谷丰收，还能为百姓带来子嗣。因此，麒麟望珠常被人们用来祈求贵子或是后代贤德。

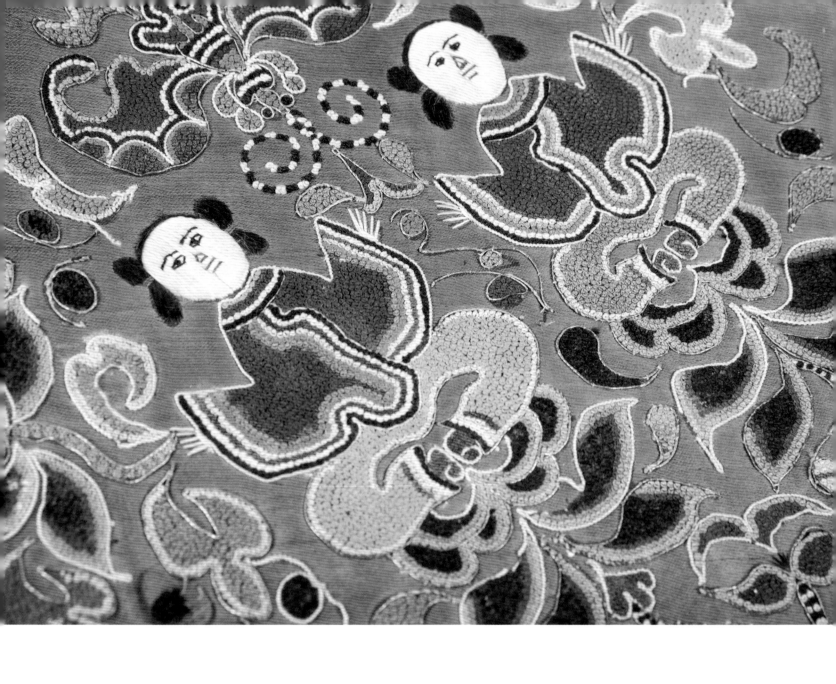

另一个用来祈求子嗣的传统纹样便是连生贵子。莲花又名荷花，结有莲蓬，莲蓬多籽，寓意多子多福。"莲"谐音"连"，有连绵不断之意。民间常绘制连生贵子等图案来祝愿新婚夫妇子孙满堂、子嗣繁衍兴盛。

四合如意式带穗平针绣莲花纹云肩

　　莲花图案凝聚了中华民族几千年的智慧精髓，同时也体现了中华民族所特有的造物思想和图案意味。佛教传入中国后，莲花又被蒙上了一层宗教的色彩，在佛教文化中具有非常崇高的地位。莲花象征着吉祥如意、子孙延续、恩爱和合、品德高洁、国运昌隆。此云肩是一件典型的四合如意式带穗云肩，整体主色调为黑色，所绣针法为平针绣。就此云肩的平面构成而言，它采取一种半镂空剪裁的形式，极具设计感。四个如意云头皆带有彩穗（有一处由于年代久远已掉落），人们在穿戴时，彩穗搭落至肩部、前胸以及背部，整体效果摇曳生姿，宛如一朵绽放的花朵。

尺寸 /
直径 410 mm
材质 /
棉布、丝线、混纺线
地域 /
山西

四合如意式带穗平针绣花卉蝙蝠人物纹云肩

　　云肩在长时间的穿戴后边缘会破碎拖散，所以用铆钉来固定。边缘也多见黑色的包边。包边又称绲边，指用布条（这里的布条一般选用与云肩制作材质不同的布料）镶嵌在云肩的边缘部分，即可增加云肩的美观，又可增加云肩的耐磨损程度。四合如意式带穗平针绣花卉蝙蝠人物纹云肩颜色较为艳丽，以粉、橙、红、黑色为主，既饱和又鲜艳，同时也能体现出中国传统色彩中以艳丽为美的特点。

　　"莲年有鱼"是吉祥图案的一种。它选用莲花和鲤鱼，借谐音以寓"连年有余"。在云肩装饰图案中，它常以两条鲤鱼、一朵莲花的形式出现。"莲年有鱼"这个题材不仅在云肩中常见，在剪纸、年画中也常能见到。

尺寸 /
直径 800 mm
材质 /
棉布、丝线、混纺线、金属
地域 /
河北

四合如意式网结彩穗套针绣蝴蝶花卉纹云肩

四合如意式网结彩穗套针绣蝴蝶花卉纹云肩是一件一片式如意式云肩。其装饰物主要以网结、铆钉、吊穗为主。牡丹作为我国特有的名贵花卉，雍容华贵、富丽端庄，素有"国色天香"之称号。因此，它也常被运用在吉祥图案中，象征着高贵坚定。在云肩上绣制牡丹和蝴蝶纹样，寓意着富贵吉祥。

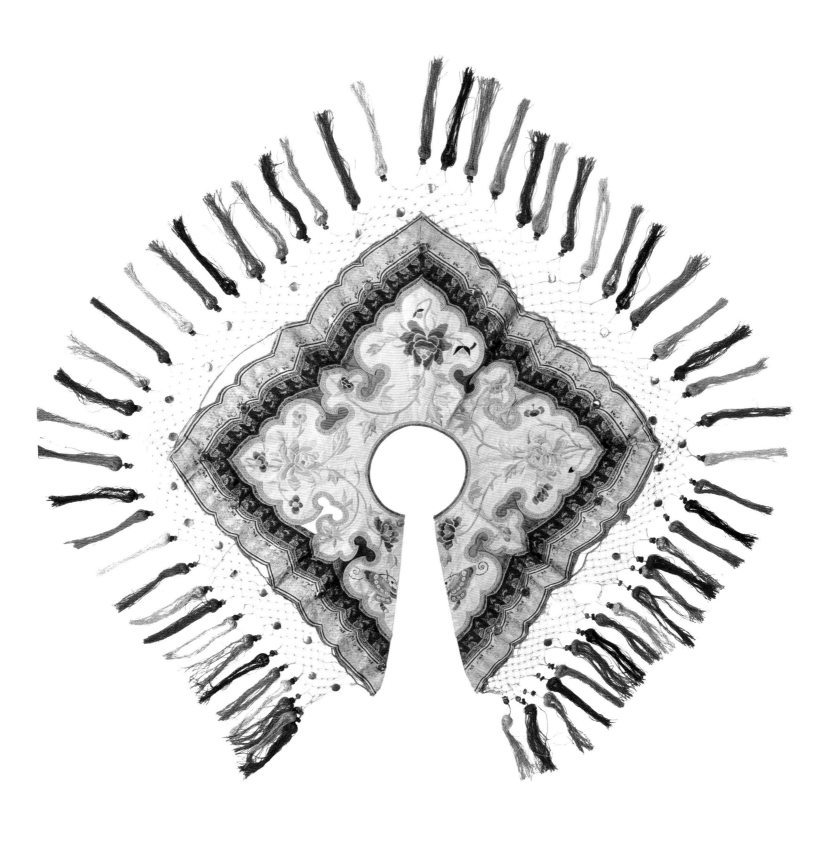

尺寸 /

直径 690 mm

材质 /

绸、布、丝线、混纺线

地域 /

山西

　　此云肩所采用的绣制针法为套针绣。所谓套针绣便是指将绣线分层次进行绣制，使得牡丹颜色层层分明，以达到一种渐变的效果，最终呈现出牡丹花盛开时的感觉。套针绣多运用于花卉图案的绣制中。通过采用套针绣，每一层针线之间层层相叠，并选用相近的颜色进行绣制，但每一层的边缘处针口需整齐有序。

　　此云肩的装饰物除常见的网结、吊穗外，还选用了嵌有小镜子的铆钉装饰物，嵌有小镜子的铆钉在光照下可闪闪发光，这也使得这件云肩的女性佩戴者在穿戴时熠熠生辉。

四合如意式网结带穗平针绣人物故事纹云肩

　　四合如意式网结带穗平针绣人物故事纹云肩是一件一片式云肩。整件云肩选用亮度较低的紫色、蓝色、绿色进行搭配，在视觉效果上呈现出一种稳重端庄之感。根据云肩所选用的颜色，再加上云肩绣制的吉祥图案，推断这是一件中老年妇女佩戴的云肩。这件云肩选用的是纽襻式闭合系统。纽襻式是中国常见的传统门襟闭合形式，也是云肩中常用的闭合形式。一般情况下，它由三部分组成，形状如同小疙瘩状的叫作纽头，与它相对应的则是由小布条圈成圈制作而成的纽环，将二者连接并固定在云肩上的部位称之为纽脚。穿戴云肩时，则是将纽头套进纽环中，此时的云肩便会被固定在脖子周围，不易掉落。此云肩除去原本的包边外，还在包边与云肩里布连接处选用银箔进行装饰，在原本沉闷的色彩中增添了一丝透气感，使装饰更具特色。

尺寸 /
直径 700 mm
材质 /
绸、布、丝线、混纺线
地域 /
山东

历史典籍人物故事在云肩装饰纹样题材中占据着一定比重。《西厢记》作为中国描写爱情故事的杂剧，它讲述了张生与崔莺莺的爱情故事。张生与崔莺莺在普救寺相遇，两人一见钟情，但崔母百般不愿，两人历经磨难，最终有情人终成眷属。此云肩通过绣制《西厢记》中张生与崔莺莺两个人物形象，以期盼佩戴者可以拥有美好爱情。

五子登科本应为中国民间谚语，后被运用到中国传统吉祥图案中。它最初来源于民间故事。相传五代后周时期燕山府有一男性，名叫窦禹钧，他有五个儿子，个个品学兼优，先后登科及第。《三字经》中用"窦燕山，有义方，教五子，名俱扬"来赞颂窦禹钧教子有方。冯道更是在诗中这样描述："燕山窦十郎，教子有义方。灵椿一株老，丹桂五枝芳。"因此，五子登科在中国传统装饰纹样中极受百姓欢迎，它寓意着子孙后代可以如同窦禹钧的儿子一样登科及第，直上青云。

六合同春又名鹿鹤同春，"六""合"分别取"鹿""鹤"的谐音。六合在中国传统文化中指的是东、西、南、北、上、下六个方向，是传统吉祥纹样之一。它寓意着万事万物和和美美、欣欣向荣。

除此之外，麒麟送子也是云肩中常见的以祈子为主体的装饰题材。

四合如意式网结带穗花卉动物纹云肩

　　四合如意式网结带穗花卉动物纹云肩采用米字分割式构图，这种构图方式也可以看作不完全对称的一种构图形式。这件云肩最突出的部分是外部的缘饰，仅包边便有三层，最外层采用网结与吊穗衬托，每一层包边都十分精美，莲花和梅花等花卉纹饰在以黑色为底的包边上显得极为素雅。除此之外，此云肩还选用了"室上大吉"作为其装饰纹样，图案中一只公鸡站在石头上，"石"谐音"室"，"鸡"谐音"吉"，寓意着大吉大利，有好事临门之意。

尺寸 /

直径 850 mm

材质 /

绸、布、丝线、混纺线

地域 /

山东

　　云肩的制作工艺较为复杂，一般情况下只有熟练的手艺人才可制作，普通人难以驾驭。云肩的制作要求极高，涉及女红工艺手法也较多。它的制作技艺流程一般分为三个阶段：准备、缝制和整理。每一阶段都有不同的工作内容，通过这些工艺手法所制作出来的云肩在外观上呈现出平整、顺直、精巧、软薄等效果。准备阶段首先是缝制工具和辅助工具材料的前期准备工作：针（五号）、绣线、棉线、顶针、白纸、铅笔、剪刀、旧布、面料、米面、底布、珠片、熨斗等①。在准备工作做充足后，则要开始工艺制作的前期四个流程：打阙子、画花样、剋阙子和下布。

　　缝制阶段则大体分为沿边、沿套子、插画三个步骤。首先是沿边，沿边时需剪下一长形布条，布条宽度不用太宽，2厘米左右即可。沿着边缘将布条和云肩的小片绷上，绷好后再翻过来重新缝一遍。接着是沿套子，所谓套子就是指放在云肩小片四周的细绳和细布条，宽度为0.3～0.5厘米②。做法是把这些长布条缝在云肩的小片上，缝制时线的颜色最好能互相统一起来。接下来就轮到插花了。在插花时要注意用颜色俱全的线，此过程是在沿套子完毕后的云肩小片上进行的。

　　最后一个阶段则是云肩制作的整理阶段。整理阶段通常包括抹里子、连片、绱领等步骤。所谓抹里子是指用比较薄的里布缝在云肩小片的反面并遮盖住反面的线迹。先把小片和里布固定住，再采用斜形的绻针法将其缝住。绻针时要做到针法简洁美观，图案的针线呈规律性排列，与此同时还要用针头将里布的缝头埋进去，最后再将云肩小片熨烫至平整，那么这道工序便完成了。抹里子是一道细致且又复杂的工序，它通常起到显示云肩整洁美观的作用。接下来的一道工序便是连片。连片则是将每一小片云肩连缀起来。在连片完毕后则开始了云肩制作的最后一道工序——绱领，即为云肩制作领子。

①崔荣荣、王闪闪：《中国最美云肩——卓尔多姿之形制》，河南文艺出版社，2012，第142～143页。

②崔荣荣、王闪闪：《中国最美云肩——卓尔多姿之形制》，河南文艺出版社，2012，第146～147页。

四合如意式网结带穗人物花卉动物纹云肩

　　四合如意式网结带穗人物花卉动物纹云肩，是一件整片式四合如意云肩。它看似只有一层，但实则为两层。最上面的一层以黑色为主，下面一层以桃粉色为衬，在一片黑色中增添了一丝活泼的味道。此云肩也是一件带领云肩，颈部相连的部分采用镶边的方式与云肩主体进行连接。云肩颈部为圆，外观造型为方，这点与中国衣饰穿戴礼仪所奉行的天人合一的文化观不谋而合。

尺寸 /
直径 420 mm
材质 /
绸、布、丝线、混纺线
地域 /
山东

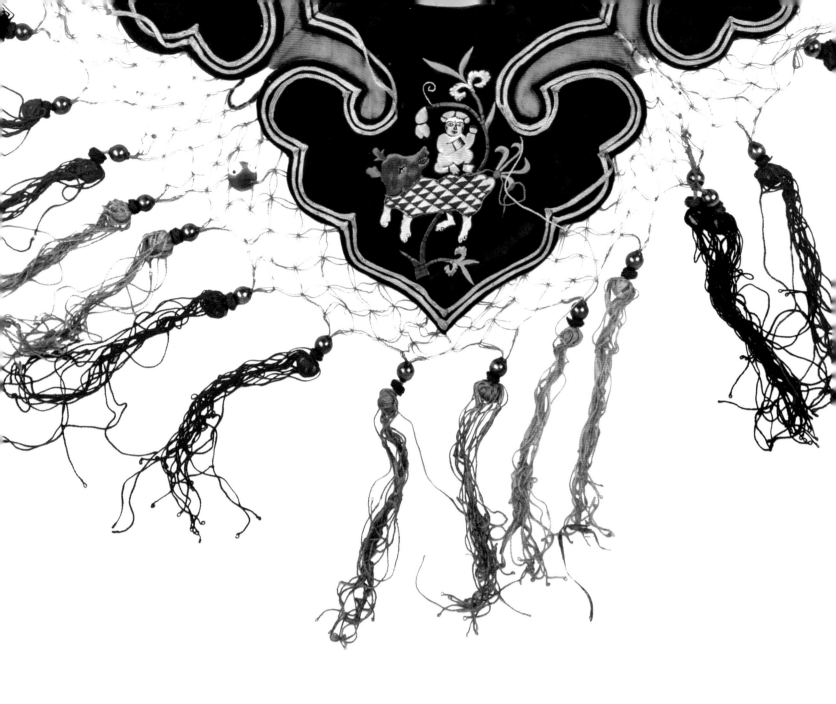

　　此云肩的缘饰与其他云肩略有不同，除常规的五颜六色垂穗和网结外，还悬挂着如意锁形制的铃铛，上面刻有一些花纹。穿戴者佩戴时会发出叮叮当当的乐声，举手投足之间展现出女性的灵动。铃铛上也刻有莲花等装饰纹样，极为精美。云肩两处云头部分分别绣制了牧牛图以及喜上眉梢图。所绣制的牧童、牛、喜鹊等形象较为质朴，体现出民间造型观念具有一定的概括性，这一点上也不同于苏绣和湘绣的细腻。

四合如意式网结带穗花卉鸟纹云肩

　　此云肩的形制为一片式四合如意式云肩，以黑色为底并带有蓝色盘长纹包边。此云肩的花卉纹样选用了粉色、绿色绣线，显得生动活泼。此云肩颜色对比较为强烈，简单几种颜色便让人产生一种变化莫测、丰富无比的感觉。四周橙色吊穗对整片云肩进行点缀，穿戴在身上宛如在黑夜中绽放的花朵，摇曳多姿。

尺寸 /

直径 400 mm

材质 /

棉布、丝线、混纺线

地域 /

山西

　　白头富贵是云肩常见纹样之一。它由牡丹和白头翁组合而成，牡丹取富贵之意，配以白头翁，寓意着富贵不到头。

　　寒梅报春是指梅花一般选择在寒冷时节绽放，一旦盛开，就说明春天已经到来了，毛泽东在《卜算子·咏梅》中写道："俏也不争春，只把春来报。"而蝴蝶更是代表着春天来临。梅花和蝴蝶的组合寓意着春天来临、万物复苏生长、春意盎然。

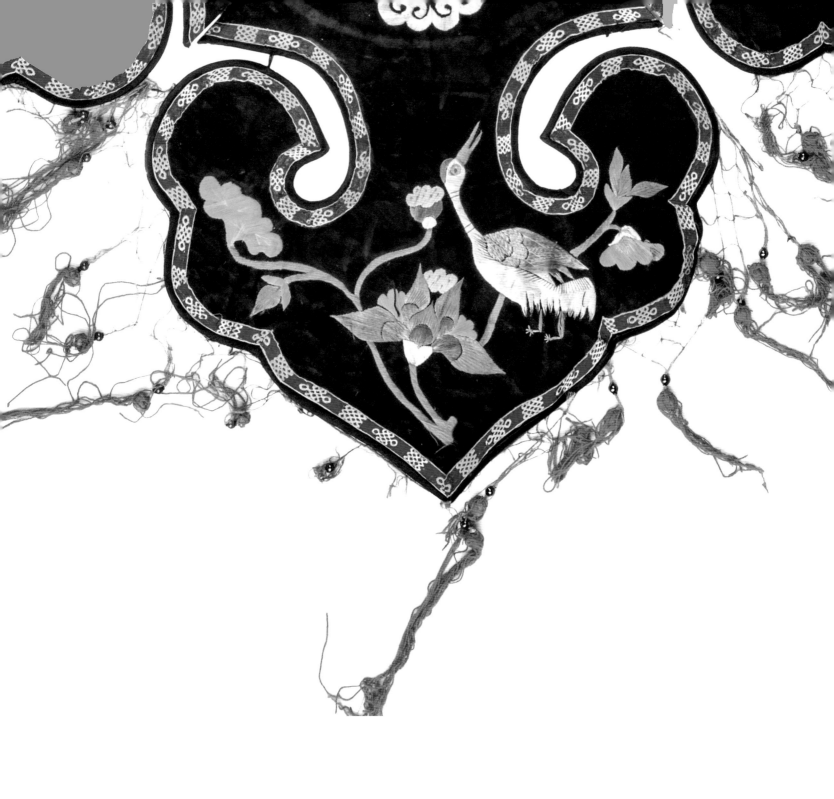

　　和和美美则是指纹样中出现仙鹤和荷花,取二者的谐音,"鹤"谐音"合",
"荷"谐音"和",寓意着生活和和美美,美满幸福。

尺寸 /

直径 440 mm

材质 /

布、丝线、混纺线、金属

地域 /

山西

四合如意式网结带穗平针绣金箔花卉纹云肩

　　四合如意式网结带穗平针绣金箔花卉纹云肩是一件单片式如意云肩。此
云肩选用的是纽襻式闭合系统，通体颜色为黑色。在中国传统文化中，黑色
具有一定神秘意味，能和所有颜色相互搭配。因此，制作者选用黑色作为绣
片的底色，在某种程度上有讨巧的意思。

它所绣制的花卉纹样是常见的莲花、桃花等。其中一片绣片所绣制的桃花注重强调桃花的花蕊部分，花蕊部分宛如蝴蝶的触须，极为生动。在中国传统文化中，桃花与莲花都具有祥瑞之意。其中桃花的处理在一定程度上运用了夸张手法，具有较强的艺术感染力。此云肩与其他云肩的不同之处在于它将整个金箔原片作为装饰缝制在绣片上。由此推断，这件云肩应是民间较为富庶的人家所使用的。

四合如意式带穗盘金绣瓜果纹云肩

　　四合如意式带穗盘金绣瓜果纹云肩是一件四合如意式单片云肩。整体造型简单大方，外部轮廓呈方形，符合中国传统衣饰所遵循的"天圆地方""天人合一"的衣饰观。此云肩通体为枣红色，最外层选用黑色包边，但在黑色包边与绣片连接处则选用米白色缘饰进行装饰，这也为原本较为沉闷的颜色增添了一丝亮度。

尺寸 /
750 mm×800 mm
材质 /
绸缎、金丝线、混纺线、金属
地域 /
山西

　　盘金绣是中国古老的针法之一。它是采用金丝捻线制作而成，在一根蚕丝外面转着圈缠绕金线，将金线盘出纹样轮廓，再对其进行绣制。盘金绣又名平金绣，可细分为勾边、满盘、打彩等制作方法。一般在绣制时会在扩出轮廓后用绒线将金线固定。此云肩就是采用红色绒线将金线依次固定住，从而增加图案的稳固程度。

　　此云肩通体为枣红色，周边吊穗共七种颜色，寓意着七彩吉祥。云肩主体部分的质地为绸缎，外部周围的质地为棉布。此云肩整体较为对称，将云肩展开，绣有佛手的一侧为正面，垂于人的胸前。此云肩绣有石榴、佛手、南瓜等瓜果纹样。其中，佛手瓜又名香橼，多成对出现，寓意着多子多福。佛手瓜和石榴通过盘金绣的绣制，以枣红色作底，形成了对比强烈的视觉效果。根据整件云肩的颜色、绣制的纹样等各方面综合考虑，推断此云肩的佩戴者应是老年女性。

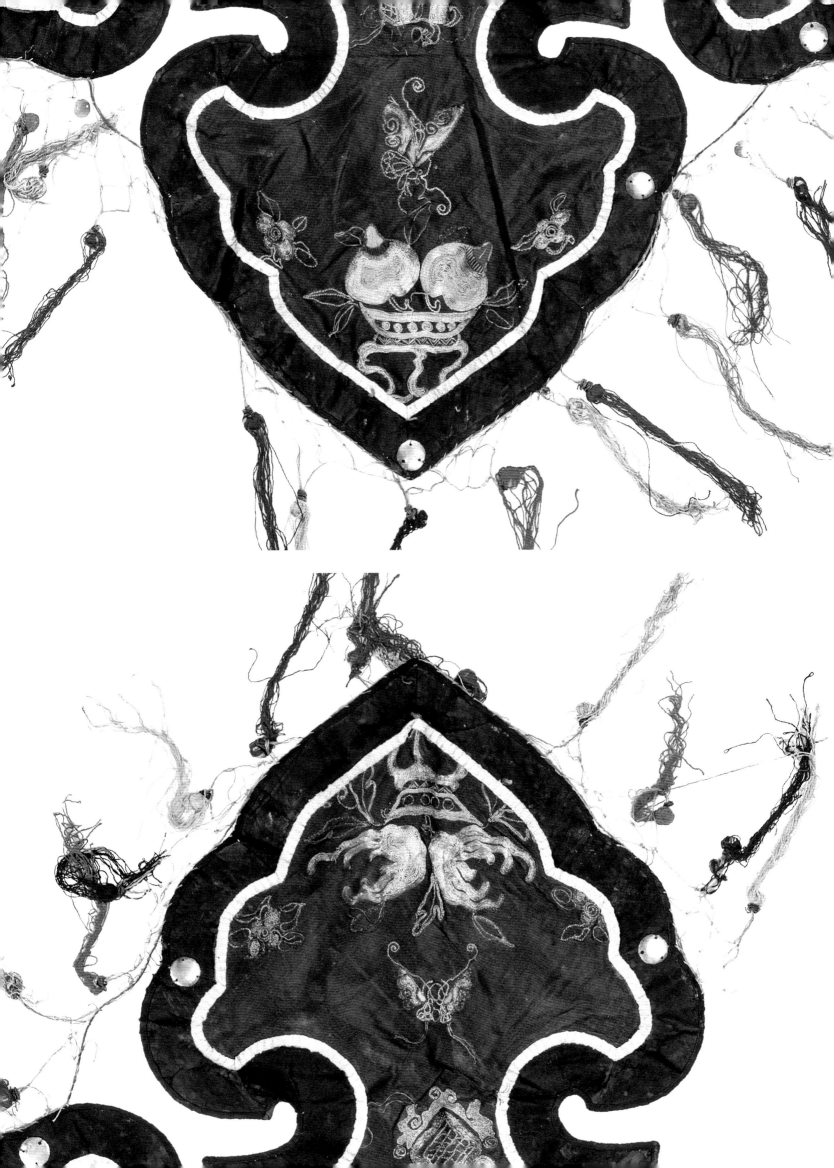

四合如意式带穗层叠平针绣人物故事纹云肩

　　云肩的剪裁布局讲究的是韵律，即使是一片式结构云肩也要符合这一特征。云肩的色彩由内到外所表现出的由深到浅的层次感，再到通过运用各种刺绣手法营造不同的肌理效果，或是层叠式云肩每层之间的长短穿插，无不体现出云肩所包含的韵律美。四合如意式带穗层叠平针绣人物故事纹云肩是一件六层云肩，角角依次相对，逐层按照舒适的视觉比例增加，形成了一定的节奏感，从而凸显了云肩所包含的韵律之美。

　　层叠，顾名思义是由两个或两个以上的单层云肩叠加而成。云肩做如意状而四合，寓意着东南西北四方祥和如意。云肩又被称为一种走动的艺术，民间常在云肩吊穗上缀以银铃，走动时吊穗也相随飘动起来，伴随着铃铛声，十分有趣，因此吊穗也作为一种装饰出现在云肩上。此云肩采用的绣法为三蓝绣，通体颜色为土黄色，周边吊穗颜色共有六种，每一层均用铆钉相连接，最下层则以网结为底。此云肩的层叠数量以及周边吊穗颜色数量均为六，寓意着六六大顺。此云肩绣有蝴蝶、花卉、卍字纹、人物故事等纹样，工艺极其精美。其中，人物故事题材也可细分为戏曲人物故事、历史人物故事、生活场景、神话传说四大类。开合处的绣片图案就是典型的历史故事题材，它的原型取自《红楼梦》。《红楼梦》作为中国"四大名著"之一，其场景故事常出现在传统图案中，代表着女子对于自由爱情的向往。

尺寸 /

直径 1100 mm

材质 /

绸、布、丝线、混纺线、金属

地域 /

河北

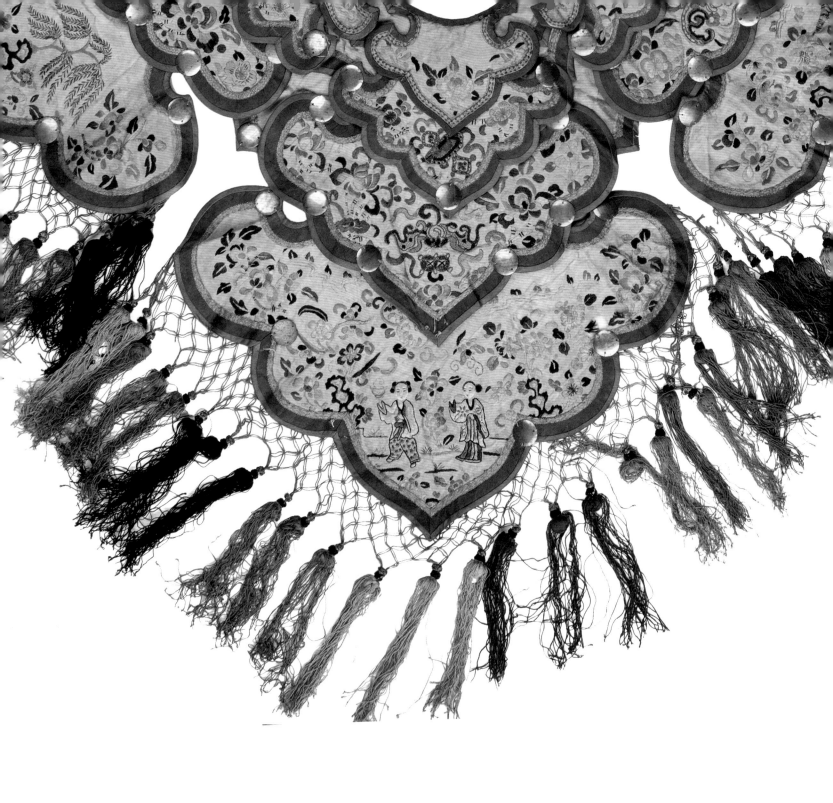

如意柳叶式

如意柳叶式平针绣动物花卉纹云肩

如意柳叶式云肩也是云肩常见的形制之一。它是如意式云肩和柳叶式云肩的结合体。这两种形制有时采取拼接的方式制作云肩，有时则采取叠加的方式制作云肩。如意柳叶式平针绣动物花卉纹云肩便是由如意式云肩与柳叶式云肩叠加而成的。此云肩共分两层，以如意式云肩为底，在上面进行叠加。它由 12 片柳叶组合而成，外部轮廓为如意头，通体为黑色，且直径较小，因此推断此云肩应是中老年妇女日常穿戴的。

尺寸 /
直径 418 mm
材质 /
绸、布、丝线
地域 /
山东

在一些吉祥图案中，桃花常作为吉祥元素被运用到传统纹样中。桃花在中国传统文化中，被赋予了许多吉祥寓意，如春天、长寿、爱情、辟邪等。在陶渊明的笔下，桃花则象征着美好的生活："忽逢桃花林，夹岸数百步，中无杂树，芳草鲜美，落英缤纷。"在杜甫的《卜居》中则将桃花寓意为春天："桃红容若玉，定似昔人迷。"吴融也曾在《桃花》诗中写道："满树和娇烂漫红，万枝丹彩灼春融。"桃花丹彩流溢，美丽灿烂，又开于早春，渲染出一派春暖花开、春意盎然的景象。在《夸父逐日》的神话传说中，夸父的手杖最后化作大片桃花留存在世间。这个故事中的桃花则是美好事物的象征。除此之外，桃花在传统文化中还被看作爱情的象征。在日常生活中，常用桃花运来形容一个人的爱情或是艳遇。

如意柳叶式打籽绣花卉瓜果纹云肩

　　如意柳叶式打籽绣花卉瓜果纹云肩在造型上是将如意式云肩和柳叶式云肩的特点进行结合。以立领为中心，上半部分为如意云头式绣片，下半部分为柳叶式绣片，共8片。在穿戴时以颈部为中心，向四周扩散，柳叶式绣片和如意式绣片分别分散于人体胸部前后的位置上，呈现出一半月牙形一半丁字形的佩戴状态。在佩戴时，云肩边缘至肩部以下，柳叶式绣片将前胸全部包裹起来，与身穿的衣饰相搭配，强调肩部的装饰和造型，凸显装饰重心。

尺寸 /
直径 450 mm
材质 /
绸、布、丝线、棉线
地域 /
山东

瓜果纹，常出现的主题有"瓜瓞绵绵"，其意源于《诗经·大雅·绵》："绵绵瓜瓞。民之初生，自土沮漆。"[1]大者为瓜，小者为瓞。一般情况下，瓜瓞绵绵这类图案由南瓜、佛手、桃和藤蔓构成，藤蔓相互缠绕，具有连绵不断之意。瓜多籽，因此瓜瓞绵绵又有子孙后代的繁衍绵延不绝之意。

①程俊英、蒋见元：《诗经注析》，中华书局，1991，第 579 页。

如意柳叶式平针绣人物花卉纹云肩

柳叶式云肩以云头形似柳叶而著称。柳叶形状的绣片是模仿自然界植物叶子的柔美形态而创造的，造型结构采取仿生方式，将不同的叶子形态变化、穿插，围绕颈部进行布局，富有生命力的动势与物象的神韵。[①]柳叶式云肩早期时叶子较小，清朝时，小叶子开始转变为大叶子，后又逐渐形成多叶状排列。如意柳叶式平针绣人物花卉纹云肩是一件既符合如意式特征，又符合柳叶式特征的云肩。它通体为黑色，共有 7 片柳叶，寓意着七星高照，有生活幸福美满之意。

①崔荣荣、王闪闪：《中国最美云肩——卓尔多姿之形制》，河南文艺出版社，2012，第 117～118 页。

尺寸 /
直径 460 mm
材质 /
绒布、丝线
地域 /
山西

云肩上所绣的图案都存在一定的民俗文化的特色，其装饰内容涉及题材较为广泛，一般会包括花卉、鸟虫、人物故事等形象元素，这些形象往往都具有吉祥美好的寓意。这些图案元素有时会以组合的形式出现，有时则以单个的形式出现。云肩是遵循"云肩必有图，图必吉祥"的原则进行纹样绣制的，一针一线皆代表了艺人的用心。常见云肩传统装饰纹样，如富贵牡丹、连年有余、连生贵子、喜上眉梢等，皆能够体现出人们热爱生活以及对于未来的美好期盼。

如意柳叶式带穗打籽绣莲花鱼虫纹云肩

　　如意柳叶式带穗打籽绣莲花鱼虫纹云肩整体的外观造型是半柳叶式云肩与半如意式云肩的结合体。它与其他云肩的装饰吊穗有所不同，一般情况下，云肩的装饰吊穗采用的是向四周扩散式的装饰，上下左右全部都有吊穗，而这一件却除去四周吊穗外，前段还选用了用于垂于佩戴者的胸前的吊穗。垂于胸前的吊穗则选用了莲蓬和盘长结两种装饰。整件云肩的颜色为绿色、粉色，四周吊穗部分则为橙红色，包边部分为蓝色，给人以典雅大方而又不失活泼的灵动之感。

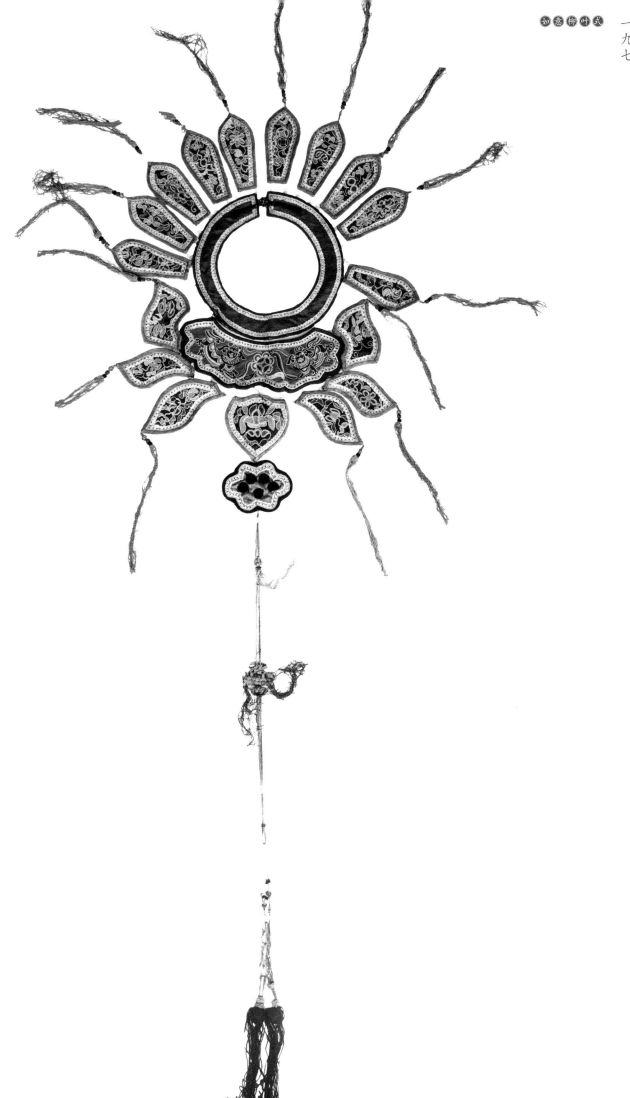

尺寸 /
直径 390 mm
材质 /
绸、布、棉线、混纺线
地域 /
山东

　　在中国古代，莲花还常被看作爱情的象征。这也与借莲花祈祷生子的生殖观有相似之处。二者都看重莲花的特质，前者看中的是莲花出淤泥而不染的本质，后者看重的则是莲花多籽的特质。《诗经·陈风·泽陂》中载："彼泽之陂，有蒲与荷。有美一人，伤之如何。寤寐无为，涕泗滂沱……彼泽之陂，有蒲菡萏。有美一人，硕大且俨。寤寐无为，辗转伏枕。"[①]这一句便是借莲花来抒发对情人的思念之情，将莲花比喻为美人，感情真挚且热烈，带有一定的爱情意味。此云肩绣制针法为打籽绣，所绣制的莲花纹样颗粒饱满，粒粒分明，具有一定立体感。除此之外，莲花与钱文共同构成共生图案，二者寓意着富贵吉祥。

①程俊英、蒋见元：《诗经注析》，中华书局，1991，第383页。

如意柳叶式带穗花卉动物盘长纹云肩

　　如意柳叶式带穗花卉动物盘长纹云肩是一件混搭式云肩。它将如意云纹、柳叶、连缀三种形式组合在一起，搭配成一件完整的云肩结构。最外圈由如意云纹绣片构成，中间则由完全对称的柳叶式绣片围绕一圈组成，在限定的空间内将前后、左右之间的关系处理得非常和谐。就视觉效果而言，整件云肩无论是从纹样还是从外观造型上都较为华丽，构图紧凑有序，极具条理性，装饰纹样非常丰富，颜色既有对比又和谐统一。

尺寸 /

直径 600 mm

材质 /

绸、布、丝线

地域 /

河北

　　此云肩的开合系统较为别致，按照开襟类别应被划分为搭扣式，材质为铜，并刻有一些花卉纹样。搭扣闭合点位于云肩后颈处，属于后开襟式。这种设计在一般情况下是反常规的，不利于人单独操作，但它可以很好地修饰颈部线条，将女性的颈部曲线完美地展现出来。

　　此云肩中的装饰纹样采用了一种共生构图的方式，它将花瓣与蝴蝶的身体相互结合，这种共生构图的方式在云肩中出镜率非常高。从不同的角度观看到的图案有着少许变化。花瓣与蝴蝶的结合代表了人们对生活的美好祝愿。

如意柳叶式网结带穗平针绣蝴蝶花卉纹云肩

　　云肩的特殊装饰形式一般是在云肩的周围加饰彩色长吊穗，或垂有排须，行动时飘逸且富有动感，使得整体风格大气、奢华。在一般情况下，中国传统服饰采用的是平面剪裁，但云肩作为一种特殊情况被排除在外。云肩的剪裁布局讲究人体整体比例的协调，还注重层次的变换。此云肩是一件如意柳叶式网结带穗平针绣蝴蝶花卉纹云肩，共分三层，下面一层是粉色如意式绣片，最上面一层是浅绿色柳叶式绣片，中间靠网结连接。穿戴这件云肩，宛如一朵牡丹在身上绽放，再加上彩色的吊穗，显得美丽而又飘逸。

尺寸 /
直径 980 mm
材质 /
绸、布、丝线、混纺线
地域 /
山东

尺寸 /
直径 980 mm
材质 /
绸、布、丝线、混纺线
地域 /
山东

云肩中所绣制的纹样以花卉、人物故事居多。其中，同舟共济在这件云肩中则通过绣制了一男一女两个人物共同坐在船上，旁边还绣有一对新婚夫妇，寓意着团结互助，同心协力，战胜困难。这一点也暗含着对新婚夫妇无论遇到任何事情都能够携手前行的美好祝福。

除此之外，此云肩还在主体部位绣制一"寿"字，所绣字体为篆书"寿"字的变形体。"寿"字作为传统吉祥图案，寓意着福寿绵长。

柳叶式

柳叶式平针绣花草动物纹云肩

　　柳叶式云肩又可细分为多种形制，其中一种便是单层多片柳叶相连，外观造型上呈完全对称式，在图案装饰上则呈不完全对称式，如柳叶式平针绣花草动物纹云肩。在云肩制作的过程中，制作者有时会凭借自己的主观想象将柳叶的形制进行变形，柳叶在肩部周围依次排列，极具韵律美。

尺寸 /

直径 600 mm

材质 /

绸、布、丝线

地域 /

河北

　　花草动物纹饰是云肩装饰纹样中出现频率最高的。每一个纹样的背后都
有其独特的文化含义。如向日葵，又称太阳花，它朝向太阳生长，花朵会随
着太阳方位的变换而转动。因此，它作为装饰纹样被绣制在云肩上时，就寓
意着蒸蒸日上、奋勇拼搏之意。

除去花草动物纹外，几何图案纹饰也是常见的云肩装饰纹样。几何装饰纹样通常是以点、线、面结合的方式出现，是经过夸张、概括等手法演变而来的。柳叶式平针绣花草动物纹云肩中的几何装饰纹样由线、面组合而成，类似于两种回纹叠加的形式。

柳叶式带穗平针绣花卉如意纹云肩

　　圆形云肩是云肩众多款式中较为简单的一种形制。一般情况下，它由一片布料裁制而成。柳叶式带穗平针绣花卉如意纹云肩虽外观造型为圆形，但它是由柳叶式云肩和如意式云肩组合而成，共分两层，每层的形态各异。最下面的那层是如意式云肩，延伸至上面是柳叶式绣片。以颈部为中心向四周扩散，前后左右皆对称。这件云肩的配色为青、黑色，穿戴在身上会有一种稳重感。

尺寸 /
直径 850 mm
材质 /
绸、布、丝线、混纺线
地域 /
山西

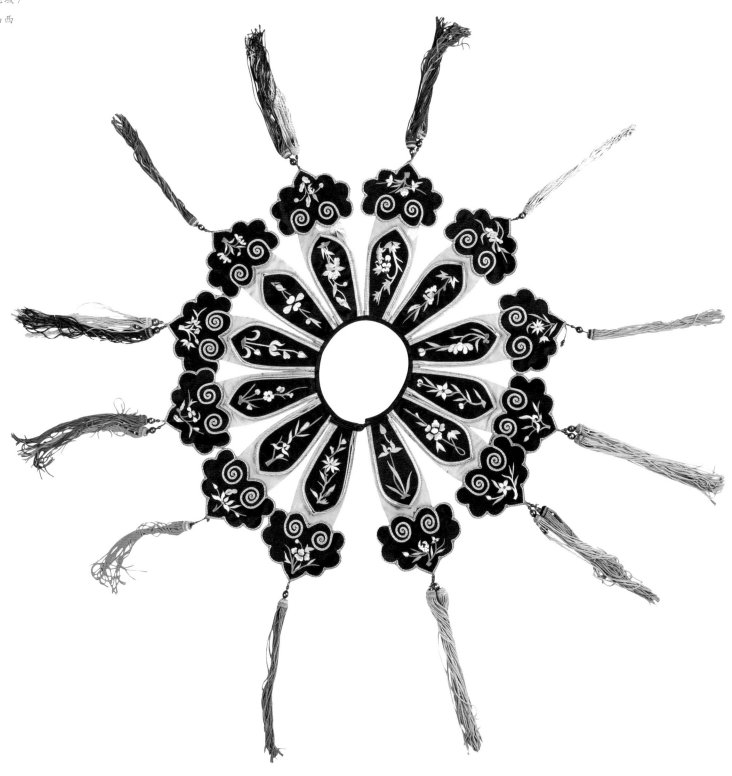

　　云肩最常见的装饰纹样之一便是各种花卉图案。在绣制花卉时，一个必不可少的步骤便是插花。插花通俗来讲便是在沿好套子的绣片上绣制花卉纹样。一般而言，它的制作工艺要求较高。插花时要格外注意针迹的密集，拉线时还要注意叶子的疏密程度。

柳叶式带穗平针绣花卉人物纹云肩

在云肩的内部结构造型中存在一种共生设计，绣片与绣片之间互为边界或是图案边缘的共用，无一不体现出古人的智慧。柳叶式带穗平针绣花卉人物纹云肩便是一件典型的共生设计的云肩。此云肩看似两层，实则只有一层，较小的柳叶式绣片的叶头部分与较大的柳叶式绣片根部共生，在视觉效果上会给人一种错觉。在云肩的外部有一圈珠子相连，再加上柳叶式绣片在旁衬托，使得整件云肩形似太阳，美观而富有趣味性。

云肩中大量使用紫色，原因在于紫色能够彰显贵气，且紫色具有防病祛疾的作用。明代李时珍在《本草纲目》中记载："此草花紫根紫，可以染紫，故名。"[1]民间相信穿紫草染制的紫色衣物具有防病祛疾的功能。

云肩的形制结构决定了其闭合系统。柳叶式带穗平针绣花卉人物纹云肩的闭合系统为纽扣式闭合系统。纽扣式闭合系统并不常见。它由两种材质构成，纽扣的部分为金属材质，钮套为丝质材质，纽扣样式为圆形，上面刻有蝙蝠等吉祥装饰纹样，这一点也符合"云肩必有图，图必吉祥"的制作原则。

[1]（明）李时珍：《本草纲目》（图文珍藏本），中国医药科技出版社，2016，第542页。

尺寸 /
直径 720 mm
材质 /
棉布、丝线、混纺线
地域 /
河南

　　蝶恋花寓意甜蜜的爱情和美满的婚姻。蝴蝶一生只有一个伴侣，因此中国传统文学常把蝴蝶作为爱情的象征，也表达了人们对美好爱情的向往与追求。也正因如此，蝶恋花这一题材作为中国传统吉祥纹样出现在衣饰中。

　　刘海戏金蟾是中国常见的传统吉祥纹样。相传一口井内有一只金蟾精，它可以在夜里口吐白光，有道之人可以借着这道白光进入天庭。刘海就住在这口井的旁边，虽然他家中一贫如洗，但他十分孝顺。一天，有一个姑娘名叫胡海英，是一只狐狸精，她想帮助刘海登天，便口吐一粒白珠，让刘海做饵子，垂钓于井中。那金蟾咬钩而起，刘海乘势骑上金蟾背，羽化登仙而去。刘海戏金蟾寓意着财源兴旺，幸福美好。

柳叶式带穗五彩绣花卉虫纹云肩

  云肩是一种装饰于女性肩部的服饰，在明代被称之为围肩，至清代普遍称为云肩。此云肩颜色有青色、米色、紫红色，整体视觉效果典雅大方。它采用了五彩绣这一绣法。所谓五彩绣，便是指云肩由各种不同彩色的绣线绣制而成。此云肩为柳叶式云肩，在形制上呈现放射状，且绣片上有各种不同的彩线绣制而成的花卉纹样，呈现出百花齐放般的视觉效果。

尺寸 /

直径 500 mm

材质 /

绸、布、丝线、混纺线

地域 /

山西

　　柳叶式带穗五彩绣花卉虫纹云肩的装饰纹样中采用了大量的花卉和昆虫图案。其中，蝉与蝈蝈作为昆虫图案中常出现的种类，在文化发展进程中扮演了一个十分重要的角色。首先，蝉在中国文化史上具有重要的历史地位。人们认为蝉不食五谷，不吃秽物，水宿风餐，栖身之地出尘不染，这种生活习性往往被文人墨客津津乐道、赞叹不已。

　　其次，蝈蝈作为人们用来消遣的"玩具"，逐渐形成了一种逗趣文化。
它又名蛞蛞、蚰子等，通体为草绿色，外形和蝗虫较像，与蟋蟀齐名。蝈蝈
作为一种鸣虫，常被人饲养在竹笼中把玩。由于蝈蝈受到了人们的喜爱，所
以它也常被运用到装饰纹样中。

柳叶式带穗三蓝绣花卉纹云肩

　　柳叶式带穗三蓝绣花卉纹云肩是一件典型的层叠柳叶式云肩。这件云肩共分为两层，每一层绣片都采用仿生方式，模仿柳叶的形制，多片柳叶层层叠加，排列井然有序，十分巧妙地将柳叶融入一个大圆之中。第一层的柳叶形制宛如二月份柳树刚刚生长出的嫩叶，整体绣片形制较细、较小；第二层的柳叶形制则如同五六月份柳树茂盛时期叶子的状态一般，绣片前部饱满圆润，中部则较为细致，连接颈部的根处则是一种向里微收的弧状，使得整件云肩的外部线条轮廓生动流利，从而展现出一种生机勃发之状。柳叶式云肩的绣片能够体现出民间崇尚自然、热爱自然的传统文化观念，这一点也与老子所提倡的"道法自然"有着相似之处。

尺寸 /
直径 460 mm
材质 /
绸、布、丝线、混纺线
地域 /
山西

此云肩在配色方面选用了色相较为相近的几种蓝色，吊穗上则选用了暖黄色，二者搭配，暖黄色在整体冷色调中透露出一丝活泼的艺术气息，整体上给人一种刚柔相生之感。第一层的绣片上分别绣制了牡丹和梅花两种纹样，两种花卉分别采用了明暗对称的绣制手法，纹样复杂与简单相互映衬，极具趣味性。第二层绣片上则分别绣制了梅花、荷花等常见的吉祥花卉纹样，每一处纹样的绣制都富有一定变化，这也从侧面体现出云肩制作者的用心程度。

柳叶式带穗戏曲人物花卉纹云肩

　　近代以来，随着政治、经济的不断发展，中国传统衣饰也发生了一定的改变。西方文化的传入给中国传统衣饰带来了巨大的冲击。云肩作为中国传统衣饰的种类之一，逐渐演变成了只在特定场合穿戴的衣饰，如：戏曲舞台。单独的戏曲人物也作为装饰元素被绣制在了云肩上。柳叶式带穗戏曲人物花卉纹云肩是一件典型的柳叶式云肩，通体选用明度较低的绿色和黑色，周围的吊穗则选用赤色，这也为整件云肩增添了一丝俏皮活泼之感。

尺寸 /
直径 440 mm
材质 /
绸、布、丝线、混纺线
地域 /
山西

　　传统戏曲人物角色也是云肩常见的装饰题材纹样之一。在传统戏曲艺术
中，将戏曲角色共分为四大类：生、旦、净、丑。生这一角色，又可细分为
小生、老生、武生。小生通常是指在曲目中男性人物的扮演者，一般情况下，
泛指曲目中的男主角；老生便是字面上的含义，指的是老年男性的扮演者；
武生则是扮演擅长武艺的男子。

　　旦是女性角色的统称，可细分为青衣、花旦、武旦、彩旦。青衣又称正旦，是指温婉娴静、举止端庄的女性角色；花旦则是指一些刁钻刻薄、性格泼辣的女性形象；武旦则指擅长武艺的女性形象；而老旦则代指老年妇女形象。"净"，俗称花脸，分为正净、副净、武净。正净又被称作大花脸，多指曲目中地位较高、举止稳重的人物；副净又称二花脸，扮演勇猛豪爽的人物形象；武净，即武花脸，以粗犷的身姿、形象笨重为形象特点。丑角共分文丑、武丑两种。文丑所包括人物类型较广，武丑则是具有较高武艺的形象人物。传统戏曲人物角色出现在云肩中，从而在侧面表现了戏曲作为古人生活娱乐项目的重要性。除此之外，此云肩重点突出了戏曲单独的人物造型，这一点与中国民艺博物馆其他着重表达戏曲故事情节的云肩有所区别。

柳叶式带穗平针绣花卉盘长纹云肩

　　柳叶式带穗平针绣花卉盘长纹云肩绣片排列繁密，宛如一朵盛开的花朵，层制共分两层。在围领处，此云肩采用二方连续图案构成性质，蝴蝶与花卉经过二方排列极具规律性。所谓二方连续图案构成便是指每隔两个图案便出现重复图案，图案排列具有一定的规律。

尺寸 /

直径 800 mm

材质 /

绸、布、丝线、棉线、混纺线

地域 /

山西

此云肩在颜色上以芥末黄和蓝色为主体。它的包边也极为讲究，共分为五层。每一层包边纹样都不同，包边纹样又与少数民族服饰相类似。

　　盘长纹是八吉祥之一。它由盘长结衍生而来，寓意着富贵吉祥不到头，诸事顺利。因此，盘长纹作为吉祥元素被运用到传统吉祥纹样中，也符合民众祈求吉祥如意的美好期盼。

如意云式

如意云式三蓝绣蓝色花鸟纹云肩

　　中华五色之中，"青"字排名较后。古人常常将"青"字与"黑（苍）""绿""蓝"混用，这样的理解有一定的道理。[1]在中国传统文化中，青色包含了蓝色、绿色等一系列相近冷色。以青色或者说以蓝色为主的云肩，在配色上多选用相近色相的颜色进行搭配。这种搭配的效果更加典雅素净，例如如意云式三蓝绣蓝色花鸟纹云肩。

　　此云肩造型为如意式，围边几乎没有直线的存在。就所绣纹样来看，这件云肩绣有花鸟纹样，花卉有大有小，其中莲花寓意吉祥，凤凰盘旋于莲花之上，所绣形象栩栩如生。就绣法而言，此云肩采用的是三蓝绣，它是由三种不同的蓝色绣线绣成，一针一线都代表着云肩制作者的心血。

[1] [日] 清水茂：《说"清"》，载《王力先生纪念文集》，三联书店（香港）有限公司，1987，第 158 页。

尺寸 /
480 mm×500 mm
材质 /
棉布、丝线
地域 /
山西

如意云式平针绣花草虫鸟纹云肩（局部绣片）

如意云式平针绣花草虫鸟纹云肩是一件云肩的局部，它是由两片绣片构成。云肩的绣片即云肩方数。在云肩的形制中，绣片的数量有着严格规定，但又会根据地区的不同、时间的变迁而发生一定的改变。通常情况下，一片式云肩绣片的数量为四个，寓意着四方四合。古时，人们的衣饰具有"天人合一"的文化内涵，云肩的平面轮廓都在以领部为中心的圆形内，意为天圆地方。

仙鹤在中国传统纹样中被运用得极为广泛，被看作仅次于凤凰的鸟类。仙鹤寿命约 50 ～ 60 年，因此也被看作长寿的象征。除此之外，在古代一品官员身穿的官服中也常能见到仙鹤的身影，所以仙鹤还寓意着富贵。该绣片中仙鹤姿态优美，色彩清新素雅，端庄大方，与松树、蝴蝶、蝉相互映衬，取延年益寿之意。各类飞禽、昆虫也是云肩绣片常见的装饰纹样。在上半部分绣片中就绣制了大量的飞禽、昆虫，如蜻蜓、鹤、喜鹊。这些栩栩如生的动物形象也是人们十分喜爱的祥瑞之物。

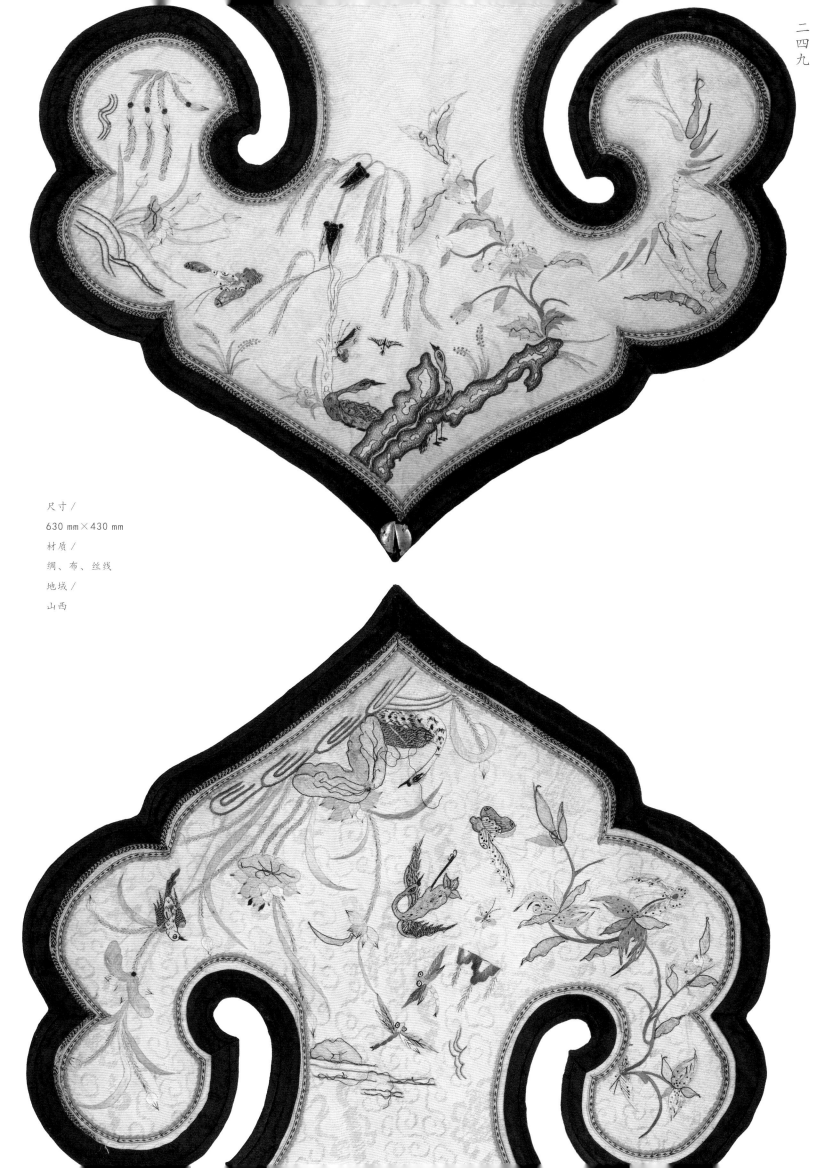

尺寸 /
630 mm×430 mm
材质 /
绸、布、丝线
地域 /
山西

如意式

如意式带穗平针打籽绣蝴蝶莲花鱼虫纹云肩

　　此云肩配色大胆，色彩对比极为强烈。这也是山东地区云肩的显著特征之一。如意式带穗平针打籽绣蝴蝶莲花鱼虫纹云肩通体选用亮度较高的红色和绿色，具有强烈的视觉冲击感，给人一种俗气中透着典雅之感。汉民族认为红色具有一定驱邪避灾的作用，把它视为勇敢、吉祥的象征。除此之外，云肩外部包边选用蓝色，增添了一丝沉稳之感。

尺寸 /
直径 820 mm
材质 /
绸、布、丝线、棉线、混纺线
地域 /
山东

　　杏花亦是传统花卉题材常用元素之一。在我国传统文化中，杏花常被看作春天来临的象征，正如"满园春色关不住，一枝红杏出墙来"。除去象征春天来临外，民间还常将杏花看作幸福的象征，"杏"谐音"幸"。杏花又可看作女子的象征。

　　莲在我国传统文化中占据着重要的地位，它与人们的生活关系密切。我国以莲来比喻生育的观念深深地植根于民间。关于用莲花来象征生育的原因便是莲花生有莲蓬，一个莲蓬结有数十籽，籽与籽之间排列井然有序，这一点极其符合我国传统的封建伦理制度。除此之外，莲花和鱼的组合也是常见的传统样式。关于莲花和鱼的组合多数表现为鱼、莲相戏的画面。其中绿色如意云头绣片就是由鱼、莲组合而成的图案，鱼穿梭于莲花中间，自由自在，突出连年有余的主题，同时也包含着期盼家庭和谐富裕的美好愿望。

如意式带穗打籽绣人物花卉鱼纹云肩

如意式带穗打籽绣人物花卉鱼纹云肩与普通的四方如意式云肩极为不同。二者虽都是如意式云肩，基本构成元素都为如意云纹，但四方如意式云肩的外形轮廓呈四方形，而此云肩的外形轮廓呈圆形，并以颈部为中心向四周扩散。此云肩选用的绣制针法为打籽绣，颗粒感分明，具有一定立体感。色彩选用的则是红色和芥末黄，包边选用的是黑色和米黄色，整体搭配较为和谐。

尺寸 /

直径 520 mm

材质 /

绸、布、丝线、棉线、混纺线

地域 /

山东

　　在连接装饰上，此云肩选用了常规的珠子串联的装饰手法，利用珠子将
每片绣片连接起来，象征着珠联璧合，由此传递其浓郁的祥瑞祝福之意。

　　"寿"字在传统吉祥图案中运用得十分广泛。此云肩就是将"寿"字的篆书体进行加工，使其造型变得丰富多彩。与其他装饰有"寿"字云肩的区别之处在于，此云肩上的"寿"字并未作为绣片的主体装饰图案，而是作为领部包边的纹样进行装饰。此云肩的领部装饰十分精美，颜色搭配更是和谐大方。

尺寸 /

直径 520 mm

材质 /

绒布面、布、棉线、丝线、混纺线

地域 /

山东

如意式带穗打籽绣花卉动物纹云肩

　　如意式带穗打籽绣花卉动物纹云肩造型十分精美，无论是其外观轮廓还是其装饰纹样，立体感极强。此云肩选用打籽绣进行绣制，所绣制的花卉动物纹样颗粒分明，针法技法十分精良。但从侧面角度对此云肩进行观察，它与一般带领云肩有所不同。

一般带领云肩经过时间的推移或是长时间的佩戴，领子处会软塌变形，而这件云肩的领子依旧挺立。究其原因，应该是与材质有着一定的关系。绒面布与棉布相比较而言，质地较厚，硬度较大，因此选用这种布料制作领子部位会使其更具立体效果。这件云肩闭合系统也制作得十分精美，在银色金属纽扣上分别刻有瓜和蝴蝶，象征着瓜瓞绵绵。

如意式带穗平针绣花卉纹云肩

　　如意式带穗平针绣花卉纹云肩造型简洁大方，具有连缀式云肩的一些特征。红色为底的绣片上施以淡黄色、淡蓝色、淡绿色的刺绣纹样，明艳而又不失素雅；淡绿色为底的绣片上绣以浅色纹样，端庄稳重之余又不失清新之感；四周橙红色吊穗搭配红色、淡绿色的绣片，和谐典雅之余又不失活泼气息。

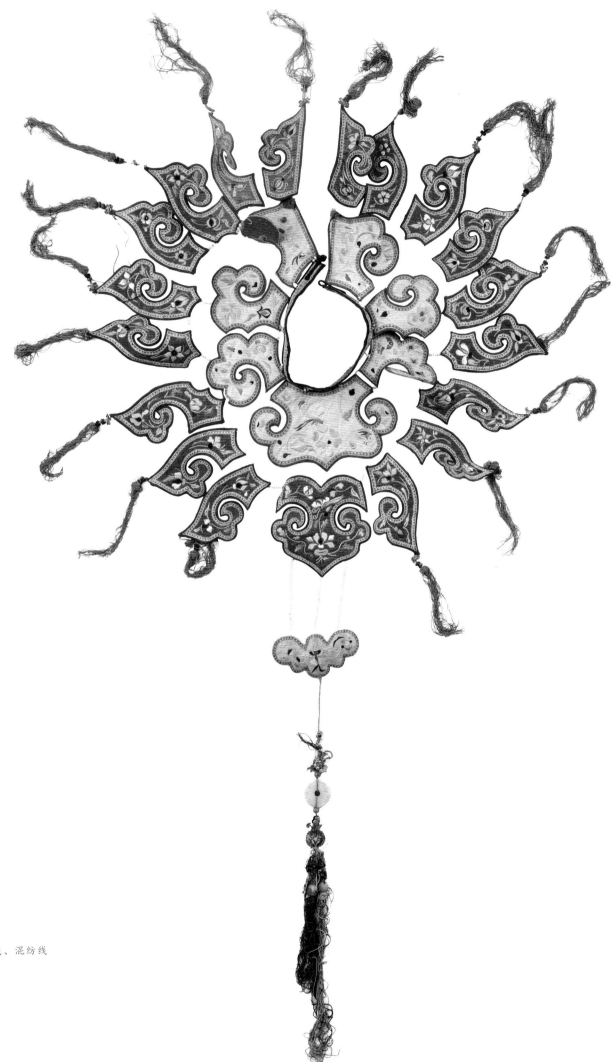

尺寸 /
直径 520 mm
材质 /
绸、布、丝线、混纺线
地域 /
山西

云肩中，镶边工艺常以装饰意义为重，绣片边缘大多已经内折或用绲边、贴缝等手法处理好毛边。^①镶边一般又可细分为单条镶边和多条镶边。如意式带穗平针绣花卉纹云肩就属于多条镶边。它共采用了两条镶边，一条镶边充满点缀纹样，另一条镶边则较为素气，二者相互搭配，复杂中不失简单，最终达到别具一格的缘饰效果。

①梁惠娥、邢乐：《中国最美云肩——情思回味之文化》，河南文艺出版社，2013，第 168～169 页。

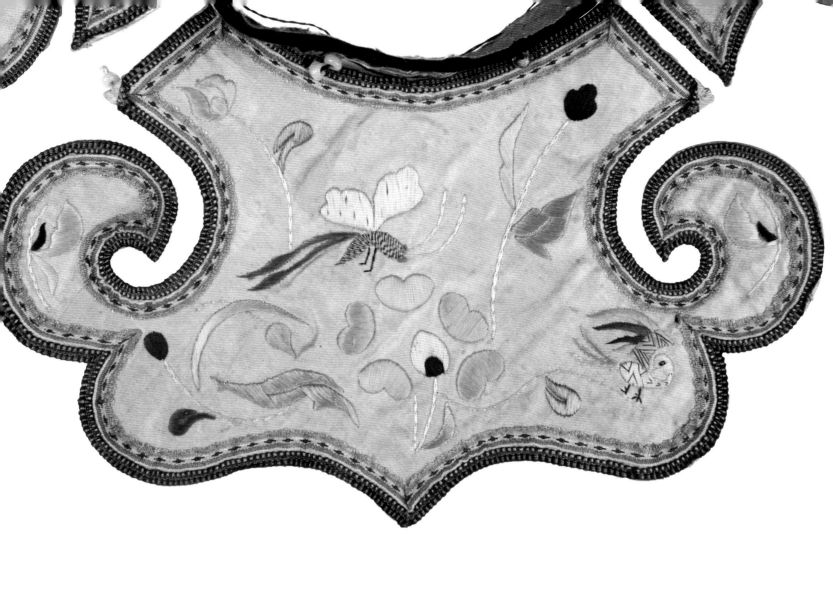

随着商品经济的发展，玉器也随之世俗化、商品化。玉不再是天子、贵族、官僚的象征，它开始真正进入到人们的生活中。将玉作为吊穗运用到云肩的制作中也是此云肩的一大特色。一方面，玉既能够反应佩戴者的阶级地位，具有一定的审美装饰功能；另一方面，玉在民间也被看作辟邪的象征。由此可见，玉已成为民间典型的吉祥器物之一。

如意式带穗打籽绣蝙蝠莲花纹云肩

　　齐鲁地区云肩的主要特点是颜色较为艳丽，并带有显著的如意头形式。齐鲁地区的云肩在结构上算不上复杂，但色彩搭配却极为讲究。整体上，齐鲁地区的云肩注重主体色彩的表达，常以红绿对比为主，强调颜色之间的对比。此云肩为如意式带穗云肩，通体是大红色与绿色相间，边缘也是常见的蓝色包边以及红色吊穗。此云肩的系扣的材料主要有玉珠、麻绳等材质。除此之外，齐鲁地区的云肩一般立领形式居多，构成形式讲究比例协调和秩序感。这一点也与齐鲁地区深厚的文化内涵分不开。

尺寸 /
680 mm×570 mm
材质 /
绸、布、丝线、棉线、混纺线
地域 /
山东

　　蝙蝠是中国最常见的传统装饰纹样。在中国传统纹样中，蝙蝠这一元素被运用得较早，新石器时代便已出现原始的蝙蝠装饰图案。在云肩上，蝙蝠作为一种装饰图案被广泛地运用。"蝠"谐音"福"，在中国传统文化中，福的地位极高，寓意着吉祥、福气满满。在如意式带穗打籽绣蝙蝠莲花纹云肩所绣制的蝙蝠造型中，蝙蝠的形象被刻画得十分生动有趣，蝠翅如同如意云纹一般，两条须也被绣制得十分逗趣。两片如意云纹对称绣片的图案是由蝙蝠与钱纹二者相互组合而成，寓意着福在眼前。

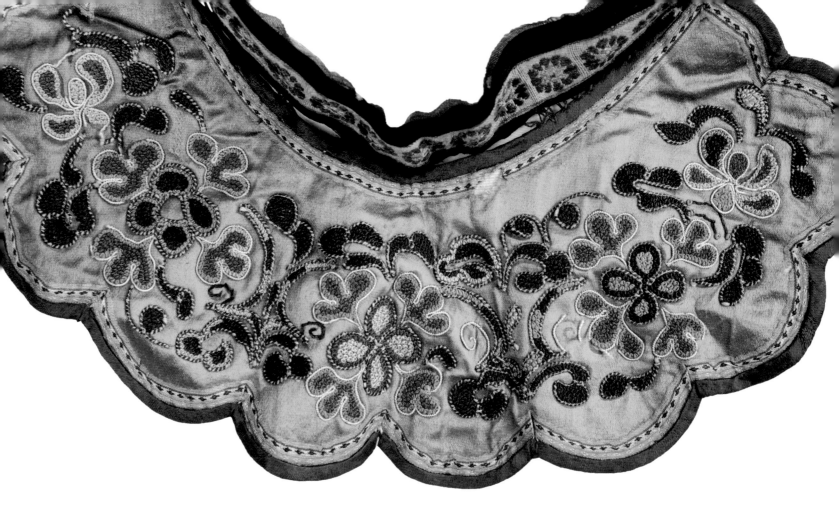

如意式带穗平针绣寿字花卉纹盘长结云肩

　　如意式带穗平针绣寿字花卉纹盘长结云肩的整体构图为半对称式构图，形制尺寸较小，为单片式云肩。绣片上绣有"寿"字和一些莲花纹样，具有浓浓的吉祥寓意。尾部由一个葫芦和一大一小两个盘长结所组成的吊穗与绣片彼此相连，工艺十分精良。通体颜色以橙红色和灰蓝色为主。根据颜色、纹样判断这是一件老年人祝寿时穿戴的云肩。

尺寸 /

370 mm×270 mm

材质 /

绸、布、丝线、混纺线

地域 /

山东

　　盘长结在中国有着悠久的历史，含有丰富的文化底蕴，它属于中国结的一种，是用绳子编织而成。"绳"谐音"神"，"女娲引绳在泥中，举以为人"。中华民族是龙的传人，而盘长结是由绳子编织而成，特征类似于绳子盘绕的龙。在史前时期，绳的变化象征龙的形象。在中国古代，结代表着团结、亲和力。一个家庭是否幸福美满，能否给人一种温馨的感觉，多取决于家庭是否和睦团结。家庭的幸福美满是吉祥如意的体现。因此，结在历史上占据着极其重要的地位，它寓意着吉祥，而吉祥又是人们所一直追求的主题。盘长结不仅具有造型之美，它背后蕴藏的是博大精深的中华文化，体现的是人们追求真、善、美的良好的愿望。在一定程度上，它的出现也凸显了民间的信仰习俗。

　　此云肩在尾部并未采用普通形制的吊穗，而是采用了一个盘长结和小葫芦的吊穗形象。葫芦又称蒲芦、瓠瓜，是世界上最古老的作物之一，也是中华民族最原始的吉祥物之一，在传统文化中具有子孙延绵、万代福禄、驱邪避灾、祈求平安等祥瑞寓意。葫芦和盘长结均为灰蓝色，中间绕有金线和铃铛，做工十分精美，凸显出艺人在制作时所倾注的心血。

连缀式

连缀式如意平针绣人物华封三祝纹云肩

　　连缀式云肩是云肩种类中极为重要的一个类别，传世作品较多。它看似造型极为复杂多样，但其实它在整体构图中采取了绣片图形中共生的表现手法。连意为连接，缀则指的是装饰。云肩本身便具有吉祥寓意，连缀式云肩更可以看作吉祥如意连接不断的意思。《说文解字》中也记载："连也。从耳，耳连于颊也；从丝，丝连不绝也，力延切。"[①]

①（汉）许慎撰，（宋）徐铉校订：《说文解字》（影印本），中华书局，1963，第41页。

尺寸 /

直径 820 mm

材质 /

绸、布、丝线

地域 /

山西

　　传统图案是以大自然和生活为基础，与人们的审美情趣和价值取向相结合而产生的。因此，传统图案可以被看作主观情感的产物。这些传统图案多采用象征手法，形象较为质朴。从植物实体形象到艺术加工后的吉祥纹样，随着时间的推移，由具象变为抽象。此云肩的绣片上绣制了许多花卉和三位人物形象，从这些花卉纹样也不难看出人们从认识自然到接受并改造自然的这一过程。

连缀式带穗平针绣蝙蝠花卉纹云肩

连缀式云肩是我国常见的云肩结构形式，与其他云肩一样，它在层次结构上有单层、多层之分，但这里的单层与多层指的是云肩圈数。连缀式带穗平针绣蝙蝠花卉纹云肩便有五圈，每片绣片之间的大小、长短变化不一，在颜色上选用亮度较高的红色、黑色、绿色、米白色，视觉感官上极具对比性。

尺寸 /

直径 1100 mm

材质 /

绸、布、丝线、混纺线

地域 /

山西

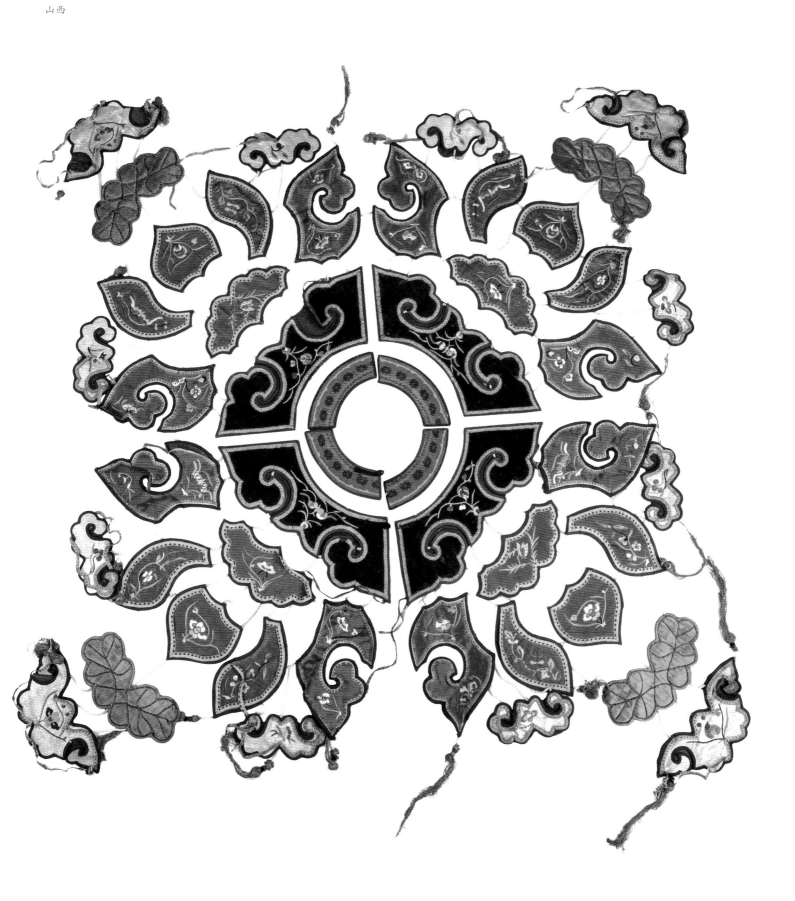

　　在连缀式云肩中，大而整的绣片被解体，许多进行过变形的如意式绣片、柳叶式绣片按照特定的形式连接。此时绣片的形态较自然形态下的云朵和柳叶的线条卷曲弧度变大。这样既可以起到保持结构完整、外形美观和延展云肩形态的作用，又可以起到凸显人体的颈、肩部美的作用。

　　连缀式带穗平针绣蝙蝠花卉纹云肩选用大量的昆虫、花卉作为其主体纹样。其中，蝴蝶在中国作为美好的象征，在云肩装饰图案中大量出现。蝴蝶除代表着美好爱情、夫妇和美的寓意外，"蝶"还与"耋"谐音，寓意长寿。但在这件云肩中，由于其主体轮廓采用的是莲花仿生图案，莲花多籽，所以推测这里绣制蝴蝶纹样应是象征爱情，寓意着爱情和美，能够开花结果。

尺寸 /
1100 mm×600 mm
材质 /
绸、布、丝线、棉线、混纺线
地域 /
山东

连缀式如意形带穗平针绣蝙蝠花卉纹云肩

　　连缀式如意形带穗平针绣蝙蝠花卉纹云肩与其他馆藏连缀式云肩有所不同，它是半圆式连缀云肩。此云肩通体颜色为红色和绿色，再配以蓝色和紫色点缀，颜色与颜色之间相互映衬，俗气中带着一丝典雅。此云肩将蝙蝠、莲花、如意祥云等形象串联到一起，蕴藏着女红文化所独具的细腻与婉约。四大片云肩之间彼此连缀，不同规则的小片绣片之间相互连接，极具灵动韵律之美，从而彰显出民间女子女红的工巧。

　　此云肩的绣片选用的图案大多都经过了一定的夸张变形。其中，此云肩的尾部坠饰是变形后的蝙蝠形象。在中国传统文化中，蝙蝠寓意着吉祥如意。此云肩的坠饰虽然也是同一形象，但具有一定卡通意味，十分生动可爱。莲花这一形象在中国传统文化中影响深远，寓意多子多福。

花瓣式

花瓣形如意式平针三蓝绣蝴蝶蝙蝠花卉纹云肩

　　花瓣形云肩是因为其外表如同一朵盛开的花而得名。花瓣形云肩一般采取分割式构图方法，将蝴蝶、蝙蝠、荷花等装饰纹样分割开来，但又都控制在一定的轮廓限制下，将图案统一到一个形态中，使得云肩更具层次感。此云肩由五片垂云组成，通体颜色为橘色。蝴蝶、蝙蝠等纹样作为云肩的主角由三蓝绣绣制而成。

尺寸 /
直径 360 mm
材质 /
绸、布、丝线
地域 /
山东

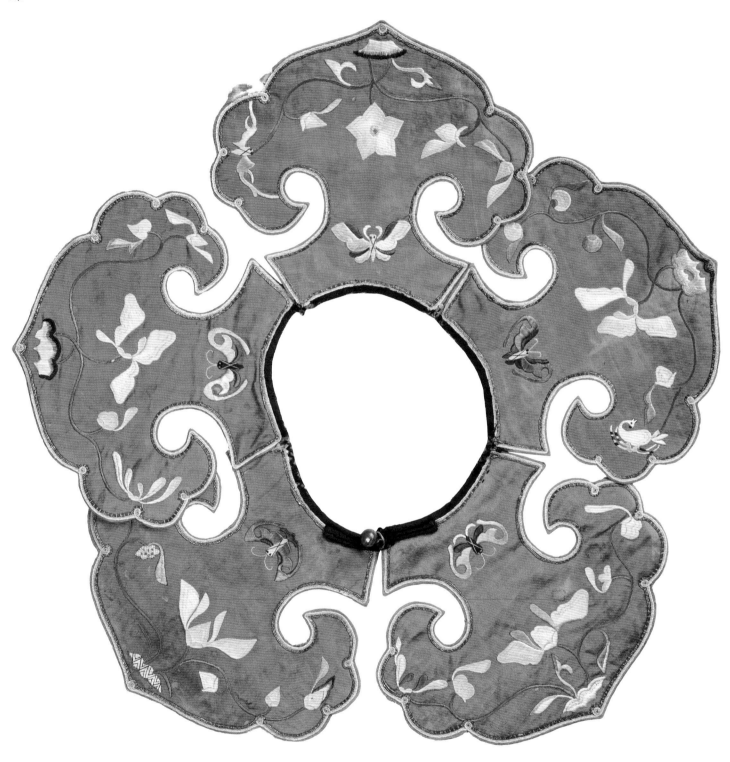

　　蝴蝶除了形象本身深具美感外，哲学家和文学家还曾将它衍生出更深层的象征含义。比如，《庄子·齐物论》里"庄周梦蝶"的寓言，就是描述了庄子梦见自己化身成蝴蝶的一段扑朔迷离的经历。因此，后人常用"蝶梦"二字来隐射梦境。它是中国民间常用的吉祥纹样，"蝶"谐音"耋"，寓意长寿。关于蝴蝶图案的另一种说法是，蝴蝶代表着爱情故事，将它绣制在云肩上，寓意着对美好爱情的期盼。

　　花瓣形如意式平针三蓝绣蝴蝶蝙蝠花卉纹云肩的开合系统是以金属纽扣为主的，它采用简单的一字式纽扣，将纽扣镶嵌到纽脚上。一般情况下，这种铜流金材质的纽扣多是富庶人家使用的。

花瓣形如意式平针绣花卉蝴蝶纹云肩

  云肩构图在其制作过程中占据重要地位。构图作为制作云肩的第一步，直接关乎接下来画花样子的进度。构图作为引导审美的指向标，直接决定了云肩的表现形式。在云肩中，有一种构图的形式叫作米字分割式构图。所谓米字分割式构图便是指云肩能够按照"米"字形对称分割。与上述花瓣形如意式云肩有所不同，"米"字分割式构图并未将完整的图形全部隔开，而是将图形一分为二，从而达到一种形式上的均衡感，这也与中国传统文化所追求的形式上的对称美不谋而合。

尺寸 /
直径 410 mm
材质 /
绸、布、丝线
地域 /
山东

　　紫藤花是一种生活在暖温带的植物，生命力非常顽强。它作为长寿树种，
深得中国文人墨客的喜爱。文人以紫藤为题进行作画，繁花满树，别有韵致。
紫藤除受到文人墨客的喜爱之外，也深受民间喜爱。紫藤作为长寿植物种类，
是吉祥图案常见的元素之一，寓意着福寿绵延。

　　五彩边缘纹饰是以五彩线为元素构成的。五彩线是由白、绿、黑或红、蓝、黄组成，又名五彩长命缕。宋代开始便有过端午节系五彩线的习俗。相传端午节时，小孩系五彩线可避免虫蚊叮咬，防止五毒近身。花瓣形如意式平针绣花卉蝴蝶纹云肩通体为黑色，所绣纹样为莲花、紫藤、蝴蝶等，边缘处采用五彩线进行装饰，因此推断此云肩的佩戴者为老年妇女。

莲花式

莲花式网结带穗平针绣莲花纹云肩

　　莲花式网结带穗平针绣莲花纹云肩顾名思义是指其外观造型为莲花状。除莲花的外观造型外，它还融合了如意云、柳叶等形制，各绣片之间均采用珠子和网结进行连接。此云肩通体以黑色为主，最底部的绣片为莲蓬的变形，并采用了珠绣方式，用黑色珠子代替莲蓬的种子，将珠子作为纹样的一部分绣制进去。在纹样的装饰部分，则选用了莲花这一图案，淡粉色的莲花与浅绿色的荷叶相互映衬，从而传达出一种温情含蓄的感情。由此可见，莲花这一题材深受民间的热爱。

尺寸 /
直径 390 mm
材质 /
绸、布、丝线、混纺线
地域 /
山东

附

录

似水年华

—— 中国传统社会与女性相关的人生

诞生　　如果生的是女孩，则在门的右面挂一幅佩巾（手帕）——帨，象征女子的阴柔之德。婴儿……如果是女孩，就只能睡席，包被，佩带陶纺锤了。因为他（她）们将来的社会职责是不同的。……婴儿父亲要到祖宗神灵面前上香祭告，然后再向家中尊长及岳父母道喜报告，同时还要煮许多"红蛋"（染成红色的鸡蛋）分送亲友……生女送双（因为单数属阳，双数属阴）。亲友则前来致喜道贺，并报以桂圆、鸡蛋等礼物。婴儿有单独的"孺子室"供其居住，由庶母（父亲的妾）、慈母（奶妈）、保姆同住在里面照料，其他人（包括亲生父亲在内）都暂时不得入内。

—— 摘自金文男：《人生礼仪》，上海三联书店，1991，第 12～13 页。

洗三　　在古代，"洗三"又称洗儿礼，有时又叫作"汤饼会""洗三朝"。……三朝的主要礼仪是洗儿……此为生育中重要礼俗，繁文缛节颇多。据说，这样可以洗去婴儿从"前世"带来的污垢，使之今生平安吉利。……浙江丽水一带习俗，洗毕，对女婴要用秤锤在她的臀部按摩，认为长大后会坐镇家宅；并以针线放在手中，长大后会精于女红。

—— 摘自万建忠：《民间诞生礼俗》，中国社会出版社，2006，第 132 页。

满月、百日　　从婴儿平安降生……满月、百日举行一系列以婴儿成长为中心的庆贺活动。庆贺的主要内容……落胎发（第一次剃发）、为婴儿取乳名、和家人之外的亲友见面等。

—— 摘自金文男：《人生礼仪》，上海三联书店，1991，第 14～17 页。

周岁　　婴儿出生满一岁，古称"周晬"，现称周岁，俗称"一生""过生日"等。周岁这天，不仅庆贺，还要举行抓周的仪式。抓周，也叫抓生、试儿、试周、揸生日等。

—— 摘自叶涛：《中国民俗》，中国社会出版社，2006，第 82 页。

生日　　周岁以后，每年到了诞生日都要过生日，北方多用五色线按年岁数穿铜钱制锁，挂在颈上，称之为"挂锁手礼"，又称"过锁关"，至 12 岁方可解锁"开关"。从 40 岁起，"生日"就转为寿诞之礼……女的为"悬悦之辰"。

至寿日，子孙为寿星设寿堂、挂寿幛、点寿烛、吃寿面、寿糕、寿桃，亲友也来送礼庆贺。

——摘自金文男：《人生礼仪》，上海三联书店，1991，第 18 页。

及笄礼

女子成年礼仪叫笄礼。古时，无论男女，幼年的孩童都不结发，多是垂发，头发自然下垂；间有将头发扎成两撮垂于脑后的，叫"总角"，也不加修饰。成年时，则要把头发挽起来，用笄（簪子）簪上，以示成年。笄礼的详情如何，已不可考。后世笄礼也如冠礼，不那么郑重了，但女子的所谓"上头入月"，总是标志着成年的。上头是笄礼的俗称，入月则指月经初潮，前者是装饰变化，后者是身体变化，都是成熟的标志。

——摘自乔继堂：《中国人生礼俗大全》，天津人民出版社，1990，第 149 页。

纳采

婚礼即男女结合为夫妻时所举行的礼仪。据《礼记·士昏礼》记载，古时的婚仪又分为六种仪式，也就是六个阶段：一为议婚，商议婚配，又叫"纳采"。一般是由男家请媒人到女家提亲，媒人实际是纳采的主角，也是婚礼中的重要角色。远古时期的婚配是没有媒人的，所谓"男女杂游，不媒不钩（聘）"。……纳采时，以送雁为礼，是取雁飞南北、合于阴阳之意，寓指男女成亲。

问名

问名就是指询问女子的闺名。经过媒人的纳采，女家表示同意后，男方再派人执雁到女家，向主人问名，女家则设宴款待。问名的目的是将女子之名、出生时辰等做一占卜，以测定婚配的吉凶。

纳吉

若占卜预测婚配吉顺，男方即将吉兆的消息告诉女家，同时还要再以雁为礼物，从而正式确定婚姻，即订婚。

纳征

又称纳币。正式订婚后，男家要向女家送去玄纁他（作为礼物的币帛）、束帛、俪皮（成对的鹿皮）等贵重的礼物。

请期

纳征之后，男家便又一次占卜，以确定吉日成婚，再派人去女家通告日期，但表面上却表现得很谦逊，好像在向女家请问日期，所以称之为请期。

亲迎

到确定的成婚之日，新郎要亲自前往女家迎接新娘，后来又叫迎亲。来到女方家里，新娘的父亲需要到门外迎接新郎来到屋内。新郎仍以雁为礼物交予女家。

——以上均摘自郭振华：《中国古代礼俗文化》，陕西人民教育出版社，1998，第 94 ～ 99 页。

开脸　　　　新娘在喜日前夕，就要忙着打扮自己了。用化妆、造型等手段，弥补缺陷，突出优点，展现新娘外表之美。按民间传统，新娘打扮不是个人行为，而是婚礼仪式的一个组成部分。我国南北民间都流行着古色古香的沐浴更衣、"上头"、"开脸"的礼仪习俗。开脸，亦称开面。所谓开脸就是用刀剃掉或用两根线互相绞合，用以纹尽脸面上或脖子上的汗毛，修齐鬓角。开脸必须在婚前一日进行，而且必须由儿女双全的有福的妇人来完成。近、现代某些地区仍有这样的礼俗。巴金先生在《春》中曾写过这样一个细节，慧要出嫁了，周氏来给慧开脸，她一面用丝线仔细地绞拔慧脸上和颈上的汗毛，一面絮絮地对慧讲了一些到人家去做媳妇的礼节。开脸之后便是蒙上"盖头"，或坐轿或骑马前往夫家了。

——摘自万建忠：《民间婚俗》，中国社会出版社，2006，第 41 页。

婚礼仪式　　　　行礼之后，新郎将新娘从女方家接走，而女方家父母不需要将之送到门外。新郎先亲自驾车，请新娘坐于车上。然后他再将车交给专门的驭手赶车上路，自己则另乘车先行赶回家中。待新娘到，由新郎迎入家中。家里则设宴，新郎、新娘于席间须进行"同牢"（同吃供祭祀的肉食）、"合卺"（用一个葫芦分成的两个瓢，是古代婚礼中的酒器）等仪式，预示相亲相爱。宴结束后，脱去礼服，入新房，新郎亲自摘下新娘头上的缨（一种彩色的带子。古代女子自订婚后就系于头上），撤去蜡烛。婚礼的仪式也就结束了。不过第二天早晨，新娘还需拜见舅、姑（公与婆），行见舅姑仪，要分别向他们进献枣、栗和腶脩（一种经捶捣并加姜桂的干肉）。

——摘自王烨编著：《中华古代礼仪》，中国商业出版社，2015，第 89～90 页。

祈子　　　　我国古代是一个以小农经济为主体的农业社会……因此，祈求多子多孙，是祈子的重要内容。有些地方在举行婚礼的"铺房"仪式时……同时也用以预兆新娘将来多子多孙。……经过这样的"祈子"，婚后如果仍未怀孕，就要去求助于保佑生育之神。除了求神之外，还有通过巫术来祈子的，最普遍的做法是分食新娘嫁妆"子孙桶"里的喜蛋及婴儿三朝礼中"洗儿盆"里的红蛋，希望沾上一些"喜气"来得子。

——摘自金文男：《人生礼仪》，上海三联书店，1991，第 4～7 页。

安胎　　　　汉族各地民间有孕妇床头挂有他项物件，将生孩子必骄指（四川）；家有孕妇而补窗，将生瞎子（湖南湘潭）；孕妇床头置刀剑，所生子多缺唇；新夫妇交拜时，堂屋侧置秤，生子驼背（四川），等等。孕妇不得任意抬举手臂，特别是高举手臂。这是因为民间俗信以为胎儿之所以能安居在孕妇体内，是因为他咬着一个类似母亲乳头，俗称"奶筋"的东西。如果孕妇任意抬高手臂，则可能使胎儿脱落"奶筋"，这样胎儿便会饿死，因而造成死胎、流产等祸患。

——摘自万建忠：《民间诞生礼俗》，中国社会出版社，2006，第64～78页。

催生

孕妇在即将分娩时，娘家往往要送礼至婿家，一则慰问，二则催生。因此，所送礼品除了为婴儿出生准备的衣衫外，大体上分为两类：一类是送给孕妇增加营养的滋补品，如鸡蛋、桂圆、红糖等等；一类是用以讨取"口彩"的吉祥物，如与"早生贵子"之类谐音的果品。此外，有附送筷子，以求"快生快养"；有派人吹笙随同送礼，取"催生"之意。礼品上往往还盖有雕镂出五男二女纹样的彩纸。

——摘自金文男：《人生礼仪》，上海三联书店，1991，第11页。

分娩

在传统观念中，正常分娩尚属不洁，那些不成功的分娩就更其污秽了。因此，流产、死胎、怪胎或产妇死亡被认为是更大的不祥。倘若孕妇难产而死，人们便认为她落血污池，不得超生，需要做水陆道场来济度。……分娩不洁的信仰在许多部落民族那里更为浓重、顽固。

——摘自乔继堂：《中国人生礼俗大全》，天津人民出版社，1990，第74页。

丧葬礼

丧葬礼俗，是人生最后一项"通过礼仪"，标志着人生旅途的终结，因而俗称"送终"，是古代被称为"凶礼"之一。殡葬方式主要有土葬、火葬、水葬、天葬等。

——摘自叶涛：《中国民俗》，中国社会出版社，2006，第94页。

土葬以棺木盛尸，挖墓穴，将棺木深埋土中，并以土丘为标记的丧葬形式。它是汉族最主要的丧葬形式。古代匈奴、突厥、回纥及苗族等也以土葬为主。

火葬以火焚尸的丧葬方式，在我国传袭已久，先秦时即有文字记载，最早流行于少数民族之中。

水葬将尸体投入江河之中，任其漂流沉浮的丧葬形式。在我国古代，曾流行于藏族、羌族、傣族等少数民族之中。

天葬又称露天葬或鸟葬。在以游牧为生的少数民族之中较多流行，采用得最多的是藏族。

悬葬又称"洞穴葬"，实际上是天葬的一种演变形式，曾流行于云南、四川、贵州、福建等地的少数民族之中，它是将尸体盛于棺内，然后在陡峭的岩壁上凿洞插桩，将棺置于其上，或将棺置于天然的岩洞中或岩缝内，低的距地面20多米，高的达100余米。尸体经天然风干，遂成木乃伊式的干尸。

复合葬是一种先后采取几种类型的丧葬方式。

洗骨葬是一种壮族的主要葬式。人死之后，以木质疏松的木料或薄木做成棺材，入地一两尺，使尸体迅速腐烂。三五年（不取双数）后开棺，去掉骨上的腐肉，按坐的姿势将骨架放于陶瓮中，不用陪葬品，尤忌金属、布帛，再在骨上洒以朱砂，瓮盖内写上死者姓名、生卒年月，然后埋于家族坟地。江西广信府一带也有此俗，"既葬二三年，辄启棺洗骨使净，别贮瓦物勾埋之"。奉行洗骨葬的民族，认为这样就能长久地保持死者的骨骼。

——以上均摘自金文男：《人生礼仪》，上海三联书店，1991，第60～66页。

初丧　　　　老人断气前，儿子、儿媳、女儿都必须守候在病床四周，以报答其养育之恩。民间旧俗，极讲究寿终正寝，凡正常死亡的老人，尽量避免在病床上咽最后一口气。当老人生命垂危之际，一般要先为其沐浴更衣，然后将其移至正屋明间的灵床上，在亲属守护下，度过弥留时刻，此谓"送终"。人死了，忌说"死"字，一般称为"老了""过去了"，或说"去""逝世""不在了""走了"。

吊丧　　　　亲族邻里往往结伴前来吊孝，平辈鞠躬，晚辈跪拜四叩首。唯师生之参灵礼为最重，山东曲阜地方为前七后八中九拜共二十四叩首。吊孝之仪最为隆重的是死者的近亲，特别是姻亲的吊唁，他们携带菜肴、糕点、果品和挽联、哀幛等祭礼而来，有的则出钱包祭，由丧家代为料理。……从大殓到出殡，子女等亲属日夜守候在灵柩旁尽孝，称为"守灵"。

出殡　　　　出殡，亦称"发丧"，是丧礼中最隆重的仪式。旧时出殡，要请人查看《除灵周堂图》，或请阴阳先生"开殃榜"，定下出殡日期，讣告亲友临丧。

出殡仪礼一般由专门的礼生主持，安排出殡程序、排列送葬队形、确定抬棺人选等。

安葬

　　旧时富裕人家要请阴阳先生点穴，坟墓最好处于左青龙、右白虎、前朱雀、后玄武的位置上。墓穴定方位，一般为南北方向，长九尺左右，宽以三尺三为准，俗话说："天下棺，三尺三。"灵柩到达墓地，撤去蟒罩，准备下葬。棺木入穴时，孝子率家人亲友再行跪拜大礼，鸣炮，奏乐。有的地方孝子抱住棺材痛哭，表示舍不得老人离开。亡者入土为安，生者还有祈福的仪俗。葬埋结束，礼先生要领着孝子谢客，先谢吹鼓手，再谢客人，最后谢帮忙的。下葬之后，还有圆坟、"烧七"（又称"奠七"）、烧百日、烧周年等仪式。

　　——以上均摘自叶涛：《中国民俗》，中国社会出版社，2006，第94～98页。

花样子

—— 中国传统吉祥图案释义摘录

竹报平安　　竹报平安画面为两童子玩爆竹图。传说是为了驱除山魈。"爆"与"报"谐音，竹报平安寓意着去除邪恶，祈盼平安。

纳福迎祥　　纳福迎祥是由一个童子仰望空中蝙蝠、一个童子捕捉蝙蝠装入缸中组合成图。仰望蝙蝠表示迎接祥瑞，捉蝠入缸表示受纳福分，也表示福分相继而来。

和气致祥　　和气致祥画面中的主角是阿福。阿福个头不高，体态丰韵，端庄质朴。面含微笑，慈眉善目，和蔼可亲。身着金线牡丹袍，手拿"和气致祥"的横幅，浑身上下充满着和气，和气可以生财，和气可以带来吉祥。

—— 以上均摘自文轩编著：《中国传统吉祥图典》，中央编译出版社，2010，第2～4页。

翘盼福音　　翘盼福音画图中是一童子仰望云中蝙蝠。身挂长命锁的童子，招呼蝙蝠，寓意祈盼福事佳音。

新韶如意　　新韶如意是由众多表示吉祥意义的植物组合成图，一空心树干中插放山茶花、梅花及松枝，旁边配有柿子、灵芝、百合。寓意新年伊始，事事如意。

四季安泰　　四季安泰由四扇绘有四季花卉的屏风组成。四季花中均有领衔者，如春兰、夏荷、秋菊、冬梅。此图以春天的兰花、夏季的牡丹、秋天的菊花、冬天的梅花等四季花，表示春安、夏泰、秋吉、冬祥。

阖家欢乐　　阖家欢乐画面为五子闹弥勒。弥勒佛原是佛教中的未来佛，释迦牟尼的大弟子，化身为布袋和尚。旧时民间瓷塑，常有五子闹弥勒。寓意阖家欢乐。

万象更新　　万象更新图案为一头大象与背上驮着的一盆万年青，合为"万象"。也有的图案在象的背毯上画一"卍"字符，以示万象。寓意祈盼回春，新年吉祥。

太平有象　　太平有象画面为一头大象背上驮着莲花座，座上有一宝瓶。"瓶"与"平"谐音，意为太平。

六合同春　　六合同春画面是由一棵梧桐树、一只梅花鹿和一只口衔灵芝的鹤组合而成。"鹿"与"六"谐音，"鹤"与"合"谐音，并读为"六合"。"桐"与"同"谐音，花开在春，合为"同春"。"六合同春"寓意普天之下，欣欣向荣。

—— 以上均摘自李典编著：《中国传统吉祥图典》，京华出版社，2006，第11～17页。

吉祥万年画面为一头正面对着人的象，头顶放一盆万年青。"象"、万年青在民间亦被视为吉祥之物。"万年"意为长久。 **吉祥万年**

年年如意画面是由两条鳃鱼盘绕云纹组成。"鲶"与"年"谐音，两条鲶鱼意为"年年"。 **年年如意**

迎春降福画面是由迎春花与数只蝙蝠组合而成。寓意春回大地，福满人间。 **迎春降福**

肥猪拱门画面是由一头肥壮的猪背上驮着象征丰收的五谷。祈盼驮着丰收的五谷或金银财宝的肥猪，拱门而入。以预祝新的一年，人庆年丰。 **肥猪拱门**

一帆风顺画面是以帆船为主体。晋代大画家顾恺之，在荆州刺史殷仲处当幕僚。东归时，殷仲借给他布帆。行至江陵一带，遇到大风。后来他在给殷仲的信中说："行人安稳，布帆无恙。"后来，民间常用"一帆风顺"作为颂祝吉语，祝路途平安或事业发展。 **一帆风顺**

　　——以上均摘自文轩编著：《中国传统吉祥图典》，中央编译出版社，2010，第18～21页。

风调雨顺画面由琵琶、雨伞、宝剑和一条龙组成。它们是四大天王手中的法物。四件法宝寓意为：风调雨顺，天下太平。 **风调雨顺**

在历代民俗年画中，常能见到天官赐福。一般都是吏部天官模样，一身朝官装束，手执写有"天官赐福"的手券，慈眉善目，五绺长髯，面带喜悦，雍容华贵。春节时贴出，以求赐五福、授吉祥。 **天官赐福**

双狮戏珠画面是由一大一小两头狮子戏耍一颗缠绕丝带的宝珠。这类图像造型各异，但都象征着吉祥喜庆之意。 **双狮戏珠**

岁岁平安画面是由花瓶中插放一挂鞭炮，周围还散落着众多鞭炮。爆竹示年年岁岁，瓶示平安。另一种画面则是由丝带扎束九穗谷穗组成。农作物谷穗谐音"岁"，穗数为九，"九"为阳数之极，"九穗"即岁岁之意。此图与第一种画面中突出新年气息不同，表现了强烈的农业色彩。中国是传统农业大国，在新年之际以"穗"谐音"岁"，祈祝吉祥与平安的同时，又多了丰收丰年的期盼。 **岁岁平安**

年年有余的画面由鞭炮和两条鱼组成。或是由三个童子，两个怀抱鲤鱼，一个肩扛牡丹花。"鱼"谐音"余"，合在一起，即为年年有余。 **年年有余**

一甲一名 　　一甲一名是由一只鸭子嘴衔芦苇或是一只螃蟹配芦苇的图案构成，意为高中状元。芦苇为连棵植物。此图寓意为"连科"，祈祷前程远大，不可限量。

——以上均摘自李典编著：《中国传统吉祥图典》，京华出版社，2006，第 25～101 页。

蟾宫折桂 　　蟾宫折桂的图案为一童子攀爬折取桂枝。传说月宫中有玉桂树，此处"蟾宫折桂"，寓意为高中状元。

独占鳌头 　　独占鳌头的图案是由一鹤立于鳌身，鳌回头仰望或是由三童子划龙舟，船头鳌跃出水组合成图。鳌是传说中大海里的大龟或大鳖。唐宋时，宫殿台阶中间的石板上，唯有龙和鳌的图纹。凡科举中考的进士要在宫殿台阶下依次迎榜。第一名站在鳌头处，因此称考中状元为"独占鳌头"。以后也用此来泛指取得第一名者。

一路连科 　　一路连科由白鹭及莲蓬、莲叶或是芦苇组合而成。一只白鹭喻"一路"，"莲"与"连"谐音。颂祝仕途遂意，一路顺风。

喜得连科 　　喜得连科由喜鹊、莲及芦苇组成。以喜鹊表示"喜"，以莲、芦苇表示"连科"。

鲤跃龙门 　　鲤跃龙门图案是一条鲤鱼高高跃起在龙门之上。后常以"鲤跃龙门"比喻科举中考。

青云得路 　　青云得路画面为一童子放风筝，风筝飞在云中。古以青云喻高官显位。"青云得路"亦称"青云直上"，喻仕途得意。

——以上均摘自文轩编著：《中国传统吉祥图典》，中央编译出版社，2010，第 61～76 页。

五子夺魁 　　五子夺魁由五个童子争夺一顶象征魁元的官帽组成。五代后周窦禹钧，生有五子，入宋后皆中进士，各争魁元，不肯落后，号称"夺魁"。

五子登科 　　五子登科是由一只雄鸡与五只小鸡组合成图。鸡均在鸡巢上，"巢"与"窠"同义，"窠"与"科"同音相关，鸡立窠上，即寓登科。或是由一朝服朝冠之长者和五童子组成，表现的仍是窦氏一门兄弟五进士的故事。由于多用在年节之时，有些地方也称其为"五子门神"。

加官晋爵 　　加官晋爵是由天官、童子组合成图。天官束带加冠，童子托盘敬爵。"冠"与"官"谐意。爵，是青铜制盛酒器，又与爵位之"爵"同字、同音。寓意官职、爵位升进。

指日高升图案是由一朝服天官手指云中太阳构成。寓意不久就要升官。 **指日高升**

一路荣华由白鹭与芙蓉花组合成图。一鹭意为"一路"。芙蓉，秋天开 **一路荣华**
白色或淡红色的花。"蓉"与"荣"谐音，"花"与"华"古文通假。合为"一
路荣华"，寓意在人生的道路上将交好运，有享受不尽的荣华富贵。

马上封侯图案是由一猴骑在马上，上有蜂飞舞。"蜂"与"封"谐音， **马上封侯**
合为"马上封侯"，即很快就要被封为王侯。

——以上均摘自李典编著：《中国传统吉祥图典》，京华出版社，2006，第116～149页。

石头上立有一雄鸡。"石"与"室"谐音，"鸡"与"吉"谐音，雄鸡 **室上大吉**
作为吉祥物，即能辟邪又能祈福。室上大吉意为阖家欢乐，大吉大利。

——摘自钱正坤、钱正盛主编：《吉祥图谱》下册，东华大学出版社，2006，第237页。

麒麟送子图案为麒麟驮童子驾云而来的造型。童子一手持莲花，一手执 **麒麟送子**
如意，增添了连生贵子与吉祥如意的意义。

——摘自钱正坤、钱正盛主编：《吉祥图谱》下册，东华大学出版社，2006，第383页。

一品当朝图案由一只鹤立于潮头岩石的纹图构成。"潮"与"朝"谐音， **一品当朝**
意为位高权重。

一品清廉图案为一朵荷花亭亭玉立，出淤泥而不染，表示人格高尚。 **一品清廉**

由天竹（天）、地瓜（地）组成的图案，寓天长地久，永存之意。 **天长地久**

卍字纹与寿字组成的图案，表示良好的祝愿，为永远生存之意。 **万寿无疆**

画着一匹马驮着贵重物品的图案，用于祝愿马上兴旺发达。 **马上发财**

——以上均摘自钱正坤、钱正盛主编：《吉祥图谱》上册，东华大学出版社，2006，第3～161页。

连年有余画着儿童拿着鱼，旁边有莲花的图纹，寓意接连多年大丰收， **连年有余**
生活丰衣足食

一种以鹌鹑、菊花和枫叶树组成的纹图；另一种以鹌鹑栖于落叶之上组 **安居乐业**
成的纹图，以"落叶"谐音"乐业"，以"菊"谐音"居"，指安定的生活，
愉快地劳动。

松鹤延年	松树、鹤与图纹组成的图案。松，除代表长寿之外，还作为有志、有节的象征。故松鹤延年既有延年益寿之意，也比喻志节高尚。
寿比南山	由三个佛手或寿星组成的图案，"三"与"山"谐音，喻南山，佛手喻长寿，寓意寿命像南山一样长久。

——以上均摘自钱正坤、钱正盛主编：《吉祥图谱》下册，东华大学出版社，2006，第83～141页。

连生贵子	童子卧在莲叶之上，一手抱桃，一只执蝙蝠，旁边有一鹤，一裂开口子的石榴。桃、鹤均寓长寿，"蝠"谐音"福"，石榴为多子象征，是一幅多种吉祥物组合而成的图案。
榴开百子	由童子与石榴组合而成，石榴房中多籽，"籽"与"子"同音双关，寓意多生男儿。
早生贵子	由枣枝、桂圆组合成图。"枣"与"早"同音相关，桂圆又叫桂子，谐音贵子，桂圆之圆又寓圆满之意。
和合如意	由盒、荷与灵芝组合成图，"盒"与里边的"荷"，意为"和合"。灵芝又有仙芝、神芝之称……如意的头部取灵芝状以示吉祥，"和合如意"即和睦称心。
和合万年	由万年青与百合组合成图。多个百合为"和合"，意为夫妻感情世代和睦。

——以上均摘自李典编著：《中国传统吉祥图典》，京华出版社，2006，第68～185页。

和和美美	荷花与梅花在一个如意中心组合而成的图纹，荷花的"荷"与"和"谐音，梅花的"梅"与"美"谐音，象征和美如意。

——摘自钱正坤、钱正盛主编：《吉祥图谱》下册，东华大学出版社，2006，第170页。

并蒂同心	百花中，只有莲花能花、果、种并存。一茎双花的并蒂莲，是纯真爱情的象征。"并蒂同心"寓意夫妻相得连心。
花好月圆	由四朵鲜花与月中福字组合成图。花好月圆，象征着美满团聚，一般多用作新婚颂词。
龙凤呈祥	龙乃万灵之长，凤为百鸟之长，都是中国古代传说中的神奇动物。龙象征权威、尊贵，也被作为最高男性的代表。凤象征美丽、仁爱，也被作为最

高女性的代表。民间常把结婚之喜比作"龙凤呈祥"，也是对幸福、吉祥的祝贺。

《周礼·地官·媒氏》："使媒求妇，和合二姓。""和合"一词有同心和睦、顺意合气等意。民俗中以寒山与拾得为"和合二仙"，寒山手捧一盒，拾得手持一荷，以"盒、荷"表示"和合"，是掌管和睦团聚之神，兼爱神。　　**和合二仙**

由白头翁鸟与月季花组合成图。《群芳谱》称月季："一名长春花，一名月月红。"这里取其"长春"之意。民间常用此鸟比喻夫妻和睦，白头偕老。　　**长春白头**

由莲花、莲蓬组合成图。寓意良缘玉成。　　**因和得偶**

由蝴蝶与瓜瓞组合成图，"蝶"谐音"瓞"。后人以此喻子孙旺盛。　　**瓜瓞绵绵**

由黄鹂与石榴组合成图。黄鹂雄鸟羽毛金黄，如身披金衣。借黄鹂的金羽和石榴的多籽，寓意身披金袍，官居高位，百子绕膝，富贵绵长。　　**金衣百子**

——以上均摘自文轩编著：《中国传统吉祥图典》，中央编译出版社，2010，第180～217页。

由两个柿子与一柄如意组合成图。"柿"谐音"事"，两个柿子为"事事"。如意，原为生活用具，用以搔痒，可如人意，故而得名。后柄渐缩短加粗，将端改为灵芝之形，造型更加优美，成为仅供观赏的吉祥物。此图寓意事事吉祥，尽如人意。　　**事事如意**

由数丛水仙与一棵松树组合成图，水仙围绕松树生长，可视为"拱"松而生。又取水仙之"仙"字，松树之"长寿"特性，合为"群仙拱寿"。　　**群仙拱寿**

由松柏、萱草、桃树、太湖石组合成图。"松"与"嵩"、"柏"与"百"同音相关。桃树、萱草皆寓长寿。寓意人寿与嵩山等高。　　**嵩山百寿**

图案由鹤立龟背组成。"龟鹤齐龄"寓意人寿极高。　　**龟鹤齐龄**

由寿石、菊花、蝴蝶、猫组合成图。寿石喻"寿"，"菊"与"居"谐音，"猫"与"耄"谐音，"蝶"与"耋"谐音，合为"寿居耄耋"。耄耋之年，用来形容高寿。图案由鹤立龟背组成。"龟鹤齐龄"寓意人寿极高。　　**寿居耄耋**

——以上均摘自李典编著：《中国传统吉祥图典》，京华出版社，2006，第219～274页。

松被称为百木之长，菊花傲霜，喻气节高尚。　　**松菊犹存**

三只佛手、三个福字、三个寿字组成的图案，表示福多寿多。　　**福寿三多**

——以上均摘自钱正坤、钱正盛主编：《吉祥图谱》上册，东华大学出版社，2006，第138～156页。

三星高照	图案为福星、禄星、寿星三位一体，三星分别象征幸福、禄位、长寿。
鹤鹿同春	由梧桐、鹤、鹿组合成图。鹤，为长寿仙禽，取其"寿"意。鹿，是祥瑞之兽，取其"禄"音。梧桐，为灵树，其生不凡。梧桐示"同春"，意为像春天一样美好。

——以上均摘自李典编著：《中国传统吉祥图典》，京华出版社，2006，第335～358页。

华封三祝	天竹同其他吉祥花或小鸟共称三祝。喻颂祝吉祥幸福。

——摘自钱正坤、钱正盛主编：《吉祥图谱》下册，东华大学出版社，2006，第44页。

富贵万代	由牡丹、蔓草组合成图。
富贵耄耋	由猫、蝴蝶与牡丹组合成图，合为富贵长寿。
金玉满堂	图案为两尾金鱼嬉于水草之间，寓意富有。

——以上均摘自文轩编著：《中国传统吉祥图典》，中央编译出版社，2010，第384～420页。

三阳开泰	"羊"与"阳"为谐音，表示祝颂新年好运。
九阳启泰	九只山羊在一起的图案。九羊寓九阳。

——摘自钱正坤、钱正盛主编：《吉祥图谱》上册，东华大学出版社，2006，第39～121页。

麟凤呈祥	由麒麟、凤凰组合成图。"麟凤呈祥"寓意天下太平。
万事如意	由一瓶万年青，几个柿子及灵芝等组合成图。
锦上添花	由织锦上加花朵组成。锦的底纹为"卍"字，表示绵长不断。
吉光高照	由大丽花、红灯笼组合成图。寓意家庭安乐、人丁兴旺、国家昌盛、天下太平。
君子之交	由兰花、灵芝和礁石组合成图。"芝"与"之"谐音，"礁"与"交"谐音，礁石坚固，意为牢不可破。

凤凰，雄的叫凤，雌的叫凰，头似锦鸡，身如鸳鸯，翅似大鹏，腿如仙鹤，嘴似鹦鹉，尾如孔雀，居百鸟之首，象征美好与和平……"丹凤朝阳"喻人们对光明幸福的追求。

丹凤朝阳

由松枝、梅花、佛手组合成图。传统文化中以梅、松、佛手三件吉物象征清明高洁。

三清

由梅、兰、竹、菊组合成图。梅，凌寒留香，是传春报喜的吉祥象征。兰，幽香清远，是高洁清雅的象征。竹，临寒不凋，是高风亮节、虚心向上的象征。菊，素雅留芳，是高洁情操、坚贞不屈的象征。四花均有潇洒的风度，在群芳中被誉为"四君子"。

四君子

——以上均摘自李典编著：《中国传统吉祥图典》，京华出版社，2006，第453～518页。

针黹留香

—— 中国传统刺绣针法摘录

齐针　　　　凡学绣者，必先自花卉始。齐之云者，务依墨钩画本之边线，不使针孔有豪发参池出入之迹。平面线务使平匀，匀则不致有疏密，无疏密则平矣。

译文：凡是学刺绣的人，都必须先从绣花卉入手。使用齐针，务必要按照墨笔勾勒出的轮廓线来绣，一丝一毫都不能产生偏离的痕迹。平面的线一定要绣得平整均匀，均匀便不会有疏有密，没有疏密的问题，也就自会平整了。

—— 摘自（清）沈寿口述，（清）张謇整理，王逸君译注：《雪宦绣谱图说》，山东画报出版社，2004，第 55 页。

抢针　　　　抢针又叫"戗针"，是一种表现深浅颜色层次过渡的针法。此针法用短直针顺着形体的姿态，以后针继前针，分批前后衔接而成，一批一批地抢上去（批，即层次的意思）。丝理方向一致，每批头尾相接，层次清晰。其配色是把深浅分成批数，一批一批地逐渐使其匀接，要求批与批匀净，针口齐整。抢针针法层次清晰均匀，富装饰性，适于绣制图案装饰型花样。

正抢针　　　　正抢针又叫"顺抢"，用短直针顺物体的形态由外向内绣，不加压线，第一批出边用齐针，阔度为 0.3 厘米，第二批必须接入第一批的末尾处，依次类推。批与批之间必须匀齐，颜色可以由浅变深，也可由深变浅。遇有花瓣重叠、叶片交错、枝茎分叉时，在显出的地方留一线距离以露出绣底（也称留一条水路），分清界限。

反抢　　　　反抢绣法与正抢相反，即由里层绣到外层，第一批做好后，将针刺在原批的边缘，再在另一边落针，使绣好的批上压一条线，在做下一批时需将这一条线罩去，绣制时要求平匀、整齐。此种方法在处理有弧度的形象时，压线往往不好处理，经过改进后，按弧度分弯压线，取得了较为自然的效果，在处理凹凸转折的形象时可以采用此种针法。凡是花卉的花和叶，不论花的颜色是与枝茎相连处浅、花瓣边缘处深，还是花瓣边缘处浅、与枝茎相连处深，不论叶子的姿态是正的、侧的，还是卷的，花与叶的颜色都一定是背面色浅而正面色深。要让这些由深到浅的颜色分批衔接起来，就要用这种针法。"抢"的意思，就是用后针衔接前针，使颜色逐渐晕染开来。

——摘自朱利容、李莎、陈凡编著：《蜀绣》，东华大学出版社，2015，第 61 页。

单套针

　　套者，先批后批、鳞次相覆、犬牙相错之谓。如第一批由边起者用齐针，第二批当一批之中下针；而第一批须留一线之隙，以容第二批之针；第三批须接入第一批一厘许，而留第四批容针之隙；第四批又接入第二批厘许，后即依此而推。但自第二批后，针不必齐，须使长短参差，以藏针迹，而和线色，至边尽处仍用齐针，仍留水路。

　　译文：套，就是指前批和后批如鱼鳞一般层层覆盖，又像犬牙一样相互错开。如果第一批用齐针从边上绣起，第二批就要从第一批中间的地方下针。绣第一批时，必须要留下一根线的间隙，以便容纳第二批；第三批必须从第一批一厘米左右的地方衔接上，并留下第四批下针的间隙；第四批又从第二批约一厘米的地方接上，以后的针法便以此类推。但从第二批以后，针脚就不必整齐，而且要长短参差，以便隐藏针迹及调和晕色。绣到最后边缘的地方，还是绣齐针，并留下水路。

——摘自（清）沈寿口述，（清）张謇整理，王逸君译注：《雪宧绣谱图说》，山东画报出版社，2004，第 61 页。

双套针

　　双套者，仍单套之法，而以第四批接入第一批。例如第三批接入第一批，当第一批二分之一，第四批接入，则当第一批三分之一。单套针长，线色难于圆转和顺，用针较易，用线较粗；双套则针短，线色易于圆转，易于和顺，用针较密，用线较细。单套惟宜于普通绣品之花卉，若翎毛则虽普通绣品，亦宜双套（寻常绣工，翎毛亦有用单套者，此非余之绣法）。单套遇转折处针长，迹易露而色泽薄；双套遇转折处针短，故不露针迹，而色泽自觉腴厚。凡转折愈多者，用针愈短，花卉、翎毛皆有之。若于大干直枝，则用针不妨略长。鸟兽翅尾，普通品亦用套针。

——摘自（清）沈寿口述，（清）张謇整理，王逸君译注：《雪宧绣谱图说》，山东画报出版社，2004，第 63 页。

扎针

　　此为进于花卉而绣翎毛者用之，且惟宜于鸟脚之全部。扎，犹扎物之扎。绣鸟脚者，先用直针，后用横针于直针之上，如扎物也。扎则可象鸟脚之纹，亦名仿真。专就鸟脚言，扎针之上，尚宜用短直针，以象脚胫之努。鸟之正面立者，努当脚之中；面左者努左；面右者努右，尤宜注意于栖枝立地、搏斗攫物，拳爪之姿势。其拳爪作势用力转折之处，须用短针，乃能仿真。脚上股毛，因其与脚相接，须用长短施针，线须色浅而捻紧。

译文：这是已经学会绣花卉而进步到绣翎毛的人，可以使用的针法，适合用来绣鸟脚的全部。扎，就像包扎。鸟脚的绣法：先绣直针，再用横针加在直针之上，有如包扎东西。扎针可以制造出鸟脚纹路的效果，所以也叫仿真。特地就鸟脚而言，扎针之上，还可以加短直针，以近似于脚胫上的凸出部分正面站立的鸟，凸出的部分在脚的中间；面向左方的，凸出的部分就在左边；面向右方的，凸出的部分便在右方。尤其应当要注意鸟儿栖息在树枝上、站立在地面上，或是互相打架、抓取东西时鸟爪的表现。鸟爪在使力时，关节曲折的部分，要用短针表现，才能栩栩如生。而长在脚上接近屁股的鸟毛，因为连在脚上，所以必须用长针和短针一起表现。

——摘自（清）沈寿口述，（清）张謇整理，王逸君译注：《雪宧绣谱图说》，山东画报出版社，2004，第65页。

铺针　　如绣凤凰、孔雀、仙鹤、鸳鸯、锦鸡、文鱼类之背部，先用铺针。铺者准背部之边，用长直针。或仅正面，或兼反面，刺线使满，如平铺然，故谓铺针。须粗线仅正面者，大率普通品，精品则必兼反面。若腹则普通品用双套针，精品则双套针之面更加施针。双套色浅，施针色深。

译文：绣凤凰、孔雀、仙鹤、鸳鸯、锦鸡、鲤鱼这类动物的背部，要先用铺针打底。所谓铺针，就是用长直针顺着背部的方向，只绣正面，或者连着反面一起绣，如平铺一般将背部绣满，因此称为铺针。用粗线而且只绣正面的，大概多为普通绣品，精品必须要兼顾反面。若绣腹部，普通品用双套针绣，精品则在双套针之上再绣施针。而双套针用浅色线，施针用深色线。

——摘自（清）沈寿口述，（清）张謇整理，王逸君译注：《雪宧绣谱图说》，山东画报出版社，2004，第68页。

打籽针　　亦旧针法之一，今惟花心用之。其法用十一号或十号之针，全根之线。针出地面后，随以针芒绕线一道为细孔，即靠孔边下针以固之。孔即子也；固而不动，即打也（打，犹钉也。丁定切，音"矿"，增韵，以钉钉物也）。线须捻匀，针之上下指力亦须匀。力不匀则重者子大，轻者子小，或且肥瘦，此犹初等普通品。中等以上，即用十二号针，分劈之线，余法皆同。若绣全体之花卉、翎毛、石木，用此针者，先从墨钩边匡打起，依次而里。子须匀密，不可露地。

译文：打籽针也是旧针法中的其中一种，现在用来绣花心。这种针法要配合十一号或十号的针，以及整根的线。针从下而上穿出绣地后，随即用针芒绕线一圈，形成一个线环，针在线环边上穿出后，便落针将它固定。线环就是子，使子固定不动就是打（打，就像钉东西一般。读音作丁定的反切，音"矿"，韵母同"增"。用钉子钉物的意思）。绣线必须捻得均匀，起针、落针（按：指刺绣操作过程中的两个动作，针自下而上称为起针，自上而下称为落针）的力道也必须一致，否则力道重的，子就会大，而力道轻的，子就小。子的大小胖瘦不一，是初等的普通绣品。中等以上的绣品，使用十二号针，和劈过的线，剩下的针法都一样。若要用打籽针绣完整的花卉、翎毛、石头、树木，须先从墨钩的轮廓线绣起，并按照顺序逐渐向内。打出来的子一定要均匀紧密，而且不能暴露出绣地。

——摘自（清）沈寿口述，（清）张謇整理，王逸君译注：《雪宧绣谱图说》，山东画报出版社，2004，第79页。

即长短针。因其长短参错互用，故谓羼。**羼针**

译文：就是长短针。此种针法因为长短互相掺杂使用，所以叫作羼针。

羼针步骤：最上层的一排先用长短针交错地绣，第二排的针，由第一排的针缝中扩充出来，针数增多，第三排的针，由第二排针的空隙中，再扩充出来。如此长短交替，由窄至宽处，针数放射增多了，针与针掺杂串连在一起，色泽自然就能谐调和顺了。

——摘自（清）沈寿口述，（清）张謇整理，王逸君译注：《雪宧绣谱图说》，山东画报出版社，2004，第82页。

掺针是湘绣的一种主体针法，由湘绣名家李仪微首创，也称接掺针，是**掺针**平绣中用得较多的一种针法，几乎涵盖了湘绣所有的针法。此法针脚参差不齐，便于深浅色阶的线相互掺和，达到渐次变易色阶的效果。掺针的刺绣方法如下：用同一色彩、色阶由深到浅或由浅到深的丝线，先用最浅或最深颜色的线开始刺绣，由里向外做放射状排列，接着再绣第二个色、第三个色。每个色需要参差不齐、长短交互，又须不显痕迹，后针由前针的中间掺出，交接处搭线不能过长，也不能一线太长、一线太短，才能达到色彩变化和谐的效果。它的特点是施针灵活、调色柔和，颜色变化柔顺。这种针法多与齐边针一起运用。凡物象色彩有明暗变化，都采用这种针法来变色。掺针方法可以是横掺法、竖掺法、斜掺法。掺针又有内掺和外掺的区别，如绣叶子，先从叶尖和边缘绣起，叫外掺；如先从叶柄和叶脉绣起，则叫内掺。这两种针法没有本质上的区别，但必须根据叶片在阳光下受光情况的不同来选择针法：边缘颜色深，就用外掺；边缘颜色浅，就用内掺。

——摘自唐利群、刘爱云主编：《湘绣技法》，湖南大学出版社，2013，第22页。

齐边针　　　这是平绣中用得较多的一种针法，尤其是绣花卉时用得最多。它是从物象边缘起针起色的针法，外侧边缘处针脚整齐，不能有丝毫出入，内侧则须参差不齐，以便接绣别的针法和掺别的颜色。齐边针要求稀密适中，铺得平正。这种针法适用于绣外轮廓整齐的物象边缘，如叶片、花瓣、山水线条等。

——摘自唐利群、刘爱云主编：《湘绣技法》，湖南大学出版社，2013，第22～23页。

必针　　　必者，针针相逼而紧之谓。第二针须当第一针之中，紧逼其线而藏针于线下。第三针接第一针之尾，第四针接第二针之尾，使绣成如笔写，而不露针迹为上。必针所宜之线，绣物粗者线可用全根，精者根可劈为二，此为线身细者言之。

译文：必针指的就是针与针挨得十分紧密。第二针必须在第一针的中间落针，并紧挨着第一针的线，以便将针迹藏于线下。第三针紧接第一针的针尾，第四针紧接

第二针的针尾，最好不要露出针迹，才能让绣出来的效果像是一笔写就，没有中断。

适合必针的线：如绣一般绣品，可以用整根线；精品就得将线劈成一半，这里所指的线是细线。

——摘自（清）沈寿口述，（清）张骞整理，王逸君译注：《雪宧绣谱图说》，山东画报出版社，2004，第89～90页。

柳针　　　柳针是湘绣常用的一种针法，由平绣牵针发展而来，又叫滚针、棍子针、缠针，用于绣最细的线条、水纹、叶脉，以及网绣和织绣的轮廓。绣时不论从线条的哪一端发针都可以，线纹稍斜向。第二针在第一针的中部出针，同样成斜向，针针紧靠，针眼藏在第一针之下。第三针接第一针之尾，第四针接第二针之尾，尽量不留针迹，使绣迹如一笔写就。柳针的结构是针针相缠，如捻就的绳索一样松紧适度，可以形成高圆坚挺、富有弹性的线条，整体上

针脚整齐排列。

如捻就的绳索一样松紧适度，可以形成高圆坚挺、富有弹性的线条，整体上针脚整齐排列。

——摘自唐利群、刘爱云主编：《湘绣技法》，湖南大学出版社，2013，第28页。

旋针

回旋其针也。如绣一拳曲之树木、蜿蜒之龙蛇、漩激之波浪，针与之为拳曲、蜿蜒、漩激，皆宜短针。阴阳面、深浅法，与施针同。

译文：就是迂回旋转的针法。例如绣一棵屈曲不直的树木、弯弯曲曲的龙或蛇、回旋激荡的波浪，要绣出它们屈曲不直、弯弯曲曲、回旋激荡的样子，都要用短针。处理光线的阴阳、颜色的深浅，与施针的方法相同。

——摘自（清）沈寿口述，（清）张謇整理，王逸君译注：《雪宧绣谱图说》，山东画报出版社，2004，第94～95页。

松针

松针为表现松树针叶和花丝的一种特有针法，是湘绣艺人根据松树的生长规律、结构层次摸索出来的。松针发线和收线在同一圆心，绣线散布在同一圆周线上，形状如同松树的针叶。松针能很好地表现松树的层次和质感，立体装饰效果强，起初只限于刺绣松树针叶，后经总结、研究、试制，发展到刺绣粗毛质感的帽子、服装毛边口、远处风景等。

松针刺绣方法如下：按照物象轮廓，起针由外层开始，一般分为三层刺绣，针脚间距较大，第一层以长针为主，平铺于圆心点，第二层在第一层的二分之一处起针，同样，收线向同一圆心，每层各根线均按这一方法顺次刺绣，但均填铺在每层的缝隙之间，以内外数层分出不同的穿插关系，有内聚外散的效果。此针法用于刺绣花丝时，也叫"花丝针"。刺绣时从花丝的尖端起针，至花心落针，起针处先用长针依形状向中心点刺绣，每针间距可略稀疏，中间空处再用短针填满，但中心点必须留出一小点空白，加绣花心色，然后用打籽针绣上花蕊。花丝的长短应突出参差不齐，稀密也要适中。此法适宜绣花蕊、水草及聚散物体。

——摘自唐利群、刘爱云主编：《湘绣技法》，湖南大学出版社，2013，第26页。

毛针

毛针是湘绣刺绣飞禽走兽的主要针法之一，也是从掺针的基础上演变而来的，有参差不齐、高度灵活变化的特点。

毛针的刺绣方法如下：由头部起针，根据毛势一针针往尾部绣。针路必须随毛势行走，针向无一定规律。线路可稍有交叉，每针的起针眼应隐藏在前面线路的下面，落针眼则无须隐藏。绣成后呈现不齐不乱、生动逼真的绒毛状态，毛感鲜明。

齐毛针　　齐毛针是在毛针基础上发展而来的一种独特针法。凡有两色毛的动物及多色毛的鸟类，它们毛路的生长规律都是从上向下覆盖，以此类推，接色的毛必须要盖在另一层毛上。采用齐毛针方法刺绣，接色既自然柔和，又有质感，适宜绣鸽子、喜鹊头部的毛及其他鸟类、熊猫等两色相衔接的地方。

齐毛针刺绣方法如下：先按毛针方法绣好动物主体，在两色相接的地方以齐边针为基础，用最细的丝线刺绣，既完整又不紊乱，长短参差不齐，覆盖在另一个颜色上，绣后能看出一层细毛盖在另一层毛上。

——摘自唐利群、刘爱云主编：《湘绣技法》，湖南大学出版社，2013，第30页。

抢毛针　　这是湘绣在材质变革的基础上发展而来的一种针法。这种针法是将用两种不同色素的线或两种同色素不同色阶的线稍加绞合（即抢在一起），然后刺绣的一种针法。如用于刺绣老虎和猫，表现毛的坚硬质感和色彩明暗的变化，用线宜较粗；如用于绣麻色的鸟类、玉兰花蒂、蝴蝶须等，用线宜细，可以一次绣出两种颜色，表现出它们颜色的特征。

——摘自唐利群、刘爱云主编：《湘绣技法》，湖南大学出版社，2013，第31页。

鬅毛针　　鬅毛针是湘绣特有的一种针法，是在掺针基础上演变而来的一种针法。鬅毛针绣法完全有别于人们熟知的以"平、齐、光、亮"为检验标准的刺绣方法。它的独特之处在于：粗线铺底，细线混色，用线粗细结合，疏密有致地层层加绣，按动物的毛路特征，施针极有规律，也很灵活。鬅毛针能使虎毛蓬松有质感。它在掺针绣法的基础上变换各种施针方法，使线聚散状地撑开，撑开的一头用线粗一点、疏一点，另一头则密一点、细一点，并把线脚藏起来。这种针法绣出来的线就像真毛一样，一头长在肉里面，另一头却蓬了起来，既有质感，又隐隐约约出现斑纹，生动自然。鬅毛针在表现毛的光泽、色彩的丰富方面也有独到之处：浓、淡、粗、细处大胆绣底，再一层层加绣，逐步统一起来，在毛的粗细疏密布局上，有表里，有层次，有聚散，有深浅，变化中求统一，统一中求变化。重叠色线的过渡和劈线的粗细变化力求体现以下原则：该粗犷的力求粗犷，该细腻的求精求细。此针法大胆用色，从深色开始，一层层变换色度，从粗线绣起，直至一丝二丝。为达到质感要求，也可以从背脊开始，先用长针长线，到结束时用短针短线，一直用到1毫米的针距。头部针脚宜短，身体部位稍长，每层的交叉绣制都留出起针尖端，以便重叠，并留出空隙毛针，更显厚度与立体感。

——摘自唐利群、刘爱云主编：《湘绣技法》，湖南大学出版社，2013，第31～32页。

图

录

四合如意式平针打籽绣
花卉瓜果盘长纹云肩
直径 660 mm
绸、布、丝线、棉线
山东
第 31 页

四合如意式平针绣花草
动物纹云肩
直径 590 mm
绸、布、丝线
山西
第 36 页

四合如意式平针打籽绣
花卉蝴蝶鱼人物纹云肩
直径 700 mm
绸缎、丝线
山东
第 40 页

四合如意式三蓝绣蓝色
花鸟纹云肩
直径 440 mm
绸缎、丝线
山东
第 46 页

四合如意式平针绣人物
花卉动物纹云肩
直径 810 mm
绸、布、丝线
山东
第 52 页

四合如意式平针绣人物
花卉动物纹云肩
直径 530 mm
绸缎、丝线
山西
第 58 页

四合如意式平针绣戏曲
故事纹云肩
直径 1100 mm
绸、布、丝线
山西
第 60 页

四合如意式平针绣花草
人物故事纹云肩
直径 550 mm
绸、布、丝线
山西
第 66 页

四合如意式平针绣花草
人物寿纹云肩
直径 770 mm
绸、布、丝线
山西
第 74 页

四合如意式打籽三蓝绣
鲤鱼跳龙门纹云肩
直径 750 mm
绸、布、丝线
山西
第 80 页

四合如意式平针绣人物
故事纹云肩
直径 800 mm
绸、布、丝线
山东
第 86 页

四合如意式打籽绣动物
回形纹云肩
直径 810 mm
绸、布、丝线、棉线
山东
第 92 页

四合如意式平针绣龙凤
回形纹云肩
直径 820 mm
绸、布、丝线
山东
第 100 页

四合如意式平针绣戏曲
故事纹云肩
直径 820 mm
绸、布、丝线
山西
第 106 页

四合如意式平针绣人物
花卉动物纹云肩
直径 660 mm
绸、布、丝线
山东
第 110 页

四合如意式三蓝绣莲花
纹云肩
直径 600 mm
绸、布、丝线
山东
第 118 页

四合如意式打籽三蓝绣
人物故事纹云肩
直径 810 mm
绸、布、丝线、棉线
山西
第 122 页

四合如意式带穗平针
绣莲花纹云肩
直径 410 mm
棉布、丝线、混纺线
山西
第 130 页

四合如意式带穗平针绣
花卉蝙蝠人物纹云肩
直径 800 mm
棉布、丝线、混纺线、
金属
河北
第 134 页

四合如意式网结彩穗套
针绣蝴蝶花卉纹云肩
直径 690 mm
绸、布、丝线、混纺线
山东
第 138 页

四合如意式网结带穗平
针绣人物故事纹云肩
直径 700 mm
绸、布、丝线、混纺线
山西
第 144 页

四合如意式网结带穗花
卉动物纹云肩
直径 850 mm
绸、布、丝线、混纺线
山东
第 152 页

四合如意式网结带穗人
物花卉动物纹云肩
直径 420 mm
绸、布、丝线、混纺线
山东
第 158 页

四合如意式网结带穗
花卉鸟纹云肩
直径 400 mm
棉布、丝线、混纺线
山西
第 162 页

四合如意式网结带穗平
针绣金箔花卉纹云肩
直径 440 mm
布、丝线、混纺线、
金属
山西
第 168 页

四合如意式带穗盘金绣
瓜果纹云肩
750 mm×800 mm
绸缎、金丝线、混纺线、
金属
山西
第 172 页

四合如意式带穗层叠平
针绣人物故事纹云肩
直径 1100 mm
绸、布、丝线、混纺线、
金属
河北
第 178 页

如意柳叶式平针绣动物
花卉纹云肩
直径 418 mm
绸、布、丝线
山东
第 184 页

如意柳叶式打籽绣花卉
瓜果纹云肩
直径 450 mm
绸、布、丝线、棉线
山东
第 188 页

如意柳叶式平针绣人物
花卉纹云肩
直径 460 mm
绒布、丝线
山西
第 192 页

如意柳叶式带穗打籽绣
莲花鱼虫纹云肩
直径 390 mm
绸、布、丝线、混纺线
山东
第 196 页

如意柳叶式带穗花卉动
物盘长纹云肩
直径 600 mm
绸、布、丝线
河北
第 200 页

如意柳叶式网结带穗平
针绣蝴蝶花卉纹云肩
直径 980 mm
绸、布、丝线、混纺线
山东
第 204 页

柳叶式平针绣花草动物
纹云肩
直径 600 mm
绸、布、丝线
河北
第 210 页

柳叶式带穗平针绣花卉
如意纹云肩
直径 850 mm
绸、布、丝线、混纺线
山西
第 214 页

柳叶式带穗平针绣花卉
人物纹云肩
直径 720 mm
棉布、丝线、混纺线
河南
第 218 页

柳叶式带穗五彩绣花卉
虫纹云肩
直径 500 mm
绸、布、丝线、混纺线
山西
第 224 页

柳叶式带穗三蓝绣花卉
纹云肩
直径 460 mm
绸、布、丝线、混纺线
山西
第 230 页

柳叶式带穗平针绣戏曲人物花
卉纹云肩
直径 440 mm
绸、布、丝线、混纺线
山西
第 234 页

柳叶式带穗平针绣花卉
盘长纹云肩
直径 800 mm
绸、布、丝线、棉线、
混纺线
山西
第 238 页

如意云式三蓝绣蓝色花
鸟纹云肩
480 mm×500 mm
棉布、丝线
山西
第 244 页

如意云式平针绣花草虫鸟纹
云肩（局部绣片）
630 mm×430 mm
绸、布、丝线
山西
第 248 页

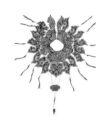

如意式带穗平针打籽绣
蝴蝶莲花鱼虫纹云肩
直径 820 mm
绸、布、丝线、棉线、
混纺线
山东
第 250 页

如意式带穗打籽绣人物
花卉鱼纹云肩
直径 520 mm
绸、布、丝线、棉线、
混纺线
山东
第 254 页

如意式带穗打籽绣花卉
动物纹云肩
直径 520 mm
绒布面、布、棉线、丝
线、混纺线
山东
第 260 页

如意式带穗打籽绣花卉
纹云肩
直径 520 mm
绸、布、丝线、混纺线
山西
第 262 页

如意式带穗打籽绣蝙蝠
莲花纹云肩
680 mm×570 mm
绸、布、丝线、棉线、
混纺线
山东
第 268 页

如意云式带穗平针绣寿字
花卉纹盘长结云肩
370 mm×270 mm
绸、布、丝线、混纺线
山东
第 276 页

连缀式如意平针绣人物
华封三祝纹云肩
直径 820 mm
绸、布、丝线
山西
第 280 页

连缀式带穗平针绣蝙蝠
花卉纹云肩
直径 1100 mm
绸、布、丝线、混纺线
山西
第 286 页

连缀式如意形带穗平针
绣蝙蝠花卉纹云肩
1100 mm×600 mm
绸、布、丝线、
混纺线
山东
第 292 页

花瓣形如意式平针三蓝
绣蝴蝶蝙蝠花卉纹云肩
直径 360 mm
绸、布、丝线
山东
第 294 页

花瓣形如意式平针绣花
卉蝴蝶纹云肩
直径 410 mm
绸、布、丝线
山东
第 298 页

莲花式网结带穗平针绣
莲花纹云肩
直径 390 mm
绸、布、丝线、混纺线
山东
第 302 页

中国民艺博物馆其他馆藏（部分）

四合如意式平针绣花卉
纹云肩
直径 440 mm
绸、布、丝线
山东

四合如意式平针绣花卉
纹云肩
直径 420 mm
绸、布、丝线、金属
山东

四合如意式花卉动物纹
云肩
直径 810 mm
绸、布、丝线、棉线
山西

四合如意式平针绣人物
花卉纹云肩
直径 660 mm
绸、布、丝线、混纺线
山东

四合如意式打籽绣人物
故事纹云肩
直径 810 mm
绸、布、棉线
山东

四合如意式网结带穗平
针绣人物花卉纹云肩
直径 850 mm
绸、布、丝线、混纺线
山西

四合如意式网结带穗平
针绣莲花纹云肩
直径 440 mm
绸、布、丝线、混纺线
山东

四合如意式带穗平针绣花
卉纹云肩
直径 420 mm
绸、布、丝线、混纺线
山东

柳叶式带穗平针绣花卉纹
云肩
直径 390 mm
绸、布、丝线、混纺线
山东

如意式网结带穗平针绣
花卉瓜果纹云肩
直径 540 mm
绸、布、丝线、混纺线
山东

如意式带穗平针绣花卉
瓜果纹云肩
直径 420 mm
绸、布、丝线、混纺线
山东

如意式平针绣人物花卉
瓜果纹云肩
直径 500 mm
绸、布、丝线
山东

参考文献

1.（春秋）左丘明撰，蒋冀骋标点：《左传》，岳麓书社，1988。

2.（汉）许慎撰，（宋）徐铉校订：《说文解字》（影印本），中华书局，1963。

3.（汉）董仲舒：《春秋繁露》，上海古籍出版社，1986。

4.（汉）韩婴撰，徐维遹校释：《韩诗外传集释》，中华书局，1980。

5.（晋）郭璞注，（清）毕沅校：《山海经》，上海古籍出版社，1989。

6.（晋）王嘉撰，（南朝·梁）肖绮录，乔治平校注：《拾遗记》，中华书局，1981。

7.（晋）崔豹撰，张元济校勘：《古今注》卷中（影印本），商务印书馆，1937。

8.（宋）聂崇义：《三礼图》卷三，日本影印宋淳熙刊本。

9.（元）脱脱等撰：《金史》，中华书局，1975。

10.（元）陈澔注，金晓东校点：《礼记》，上海古籍出版社，2006。

11.（明）宋濂等撰：《元史》，中华书局，1976。

12.（明）李时珍：《本草纲目类编》（中药学），辽宁科学技术出版社，2015。

13.（明）李时珍：《本草纲目》（图文珍藏本），中国医药科技出版社，2016。

14.（清）张廷玉等撰：《明史》，中华书局，1997。

15.（清）王先谦撰集：《释名疏证补》卷五，上海古籍出版社，1984。

16.［清］阮元校刻：《十三经注疏》，中华书局，1980。

17.［英］特伦斯·霍克斯：《结构主义和符号学》，瞿铁鹏译，上海译文出版社，1987。

18.程俊英、蒋见元：《诗经注析》，中华书局，1991。

19.杨天宇撰：《礼记译注》，上海古籍出版社，1997。

20.徐珂编撰：《清稗类钞》，中华书局，2003。

21.沈从文：《中国古代服饰研究》，商务印书馆，2011。

22.梁惠娥、邢乐：《中国最美云间——情思回味之文化》，河南文艺出版社，2013。

23.崔荣荣、王闪闪：《中国最美云肩——卓尔多姿之形制》，河南文艺出版社，2012。

24.缪良云：《中国衣经》，上海文化出版社，2000。

25.刘魁立主编：《中国民俗文化丛书——刺绣》，中国社会出版社，2009。

26.刘钢：《中国古代美术经典图示——民间绣花纹样卷》，辽宁美术出版社，2015。

27.王金华：《中国传统服饰——云肩肚兜》，中国纺织出版社，2017。

28.左汉中：《中国民间美术造型》，湖南美术出版社，2016。

29.徐海荣主编：《中国服饰大典》，华夏出版社，2000。

30.张道一：《吉祥文化论》，重庆大学版社，2011。

31. 蔡子谔：《中国服饰美学史》，河北美术出版社，2001。

32. 文轩编著：《中国传统吉祥图典》，中央编译出版社，2010。

33. 叶涛：《中国民俗》，中国社会出版社，2006。

34. 钱正坤、钱正盛主编：《吉祥图谱》，东华大学出版社，2006。

35. 李典编著：《中国传统吉祥图典》，京华出版社，2006。

36. 金文男：《人生礼仪》，上海三联书店，1991。

37. 王力：《王力先生纪念文集》，三联书店（香港）有限公司，1987。

38. 万建忠：《民间诞生礼俗》，中国社会出版社，2006。

39. 万建忠：《民间婚俗》，中国社会出版社，2006。

40. 乔继堂：《中国人生礼俗大全》，天津人民出版社，1990。

41. 郭振华：《中国古代礼俗文化》，陕西人民教育出版社，1998。

42. 王烨编著：《中国古代礼仪》，中国商业出版社，2015。

43. 周卫明编：《中国历代绘画图谱·花鸟走兽》，上海美术出版社，1996。

44. 梁一儒：《民族审美心理学概论》，青海人民出版社，1994。

45. 郭庆光：《传播学教程》，中国人民大学出版社，2011。

46. 洛阳市地方史志编纂委员会编：《洛阳市志》第十七卷，中州古籍出版社，1998。

47. 卢翰明编辑：《学佛雅集·古代衣冠辞典》，常春树书坊，1980。

48. 潘定红：《民族服饰色彩的象征》，《民族艺术研究》2002 年第 2 期。

49. 伊尔、赵荣璋：《色彩与民族审美习惯》，《民俗研究》1990 年第 4 期。

50. 邢乐：《传统服饰云肩实物图像主色的智能检测》，《纺织学报》2017 年第 11 期。

51. 崔荣荣：《鲁南地区云肩技艺的考察及思考》，《民俗研究》2013 年第 4 期。

52. 徐亚平：《中国传统民间服饰品——云肩》，《装饰》2005 年第 10 期。

53. 赵兰涛：《肩之共相——云肩与瓷瓶》，《南京艺术学院学报》（美术与设计版）2009 年第 3 期。

54. 韩园园：《三蓝绣浅析》，《山东纺织经济》2013 年第 11 期。

55. 赵长福：《浅论中国传统婚姻》，《广西教育学院学报》2008 年第 5 期。